电子产品维修技能速成丛书

彩色图解

中央空调 安装、维修

技能速成

数码维修工程师鉴定指导中心　组织编写

韩雪涛　主编

吴　瑛　韩广兴　副主编

看视频

化学工业出版社

·北京·

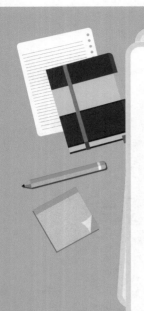

内容简介

　　本书采用彩色图解的形式，根据家电维修相关职业标准和规范，结合家电维修的实际要求，全面系统地介绍了中央空调的安装、维修基础和技能，通过内容的学习引导读者完成对中央空调安装故障的分析、诊断及维修，最终变成一位合格的中央空调安装维修师。

　　本书内容包括：中央空调的基础知识、中央空调的安装维修基础、风冷式中央空调的安装技能、水冷式中央空调的安装技能、多联式中央空调的安装技能、 中央空调的故障特点和检修分析、中央空调管路系统的维修技能、中央空调电路系统的维修技能等。本书内容实用、资料新颖全面，包含了大量的实用维修数据和维修案例，这些内容的安排，使读者能够身临其境般地感受到现场的实际维修，更加容易理解并掌握维修技能。

　　为了方便读者的学习，本书还对重要的知识和技能专门配置了视频资源，读者只需用手机扫描二维码就可以进行视频学习，不仅方便学习，而且还大大提高了本书内容的附加值。

　　本书可供家电维修人员学习使用，也可供职业学校、培训学校作为教材使用。

图书在版编目（CIP）数据

彩色图解中央空调安装、维修技能速成/韩雪涛主编；数码维修工程师鉴定指导中心组织编写. —北京：化学工业出版社，2017.6（2024.1 重印）
（电子产品维修技能速成丛书）
ISBN 978-7-122-29459-3

Ⅰ．①彩… Ⅱ．①韩… ②数… Ⅲ．①集中式空气调节器-安装-图解②集中式空气调节器-维修-图解
Ⅳ．①TB657.2-64

中国版本图书馆CIP数据核字（2017）第071257号

责任编辑：李军亮 万忻欣　　　　　　　　装帧设计：刘丽华
责任校对：吴　静

出版发行：化学工业出版社(北京市东城区青年湖南街13号 邮政编码 100011)
印　　装：涿州市般润文化传播有限公司
787mm×1092mm　1/16　印张15　字数384千字　2024年1月北京第1版第8次印刷

购书咨询：010-64518888　　　　　　　售后服务：010-64518899
网　　址：http://www.cip.com.cn
凡购买本书，如有缺损质量问题，本社销售中心负责调换。

定　　价：68.00元

前　言

目前，对于电子电工及家电维修技术而言，最困难也是学习者最关注的莫过于如何在短时间内掌握实用的技能并真正应用于实际的工作。

为了实现这个目标，我们特别策划了"电子产品维修技能速成丛书"。

本丛书共6种，分别为《彩色图解空调器维修技能速成》《彩色图解液晶电视机维修技能速成》《彩色图解电动自行车维修技能速成》《彩色图解智能手机维修技能速成》《彩色图解电磁炉维修技能速成》和《彩色图解中央空调安装、维修技能速成》。

本书是专门介绍中央空调安装与维修技能的图书。中央空调安装与维修是专业性很强的实用技能，其社会需求强烈，有很大的就业空间。本书最大的特色就是通过学习可以将中央空调安装与维修的专业知识、实操技能在短时间内"技能速成"。

为了能够编写好这本书，我们专门依托数码维修工程师鉴定指导中心进行了大量的市场调研和资料汇总。然后根据读者的学习习惯和行业的培训特点对中央空调器安装与维修所需的知识和技能进行系统的编排，并引入了大量实际案例和维修资料辅助教学。力求达到专业学习与岗位实践的"无缝对接"。

为了确保专业品质，本书由数码维修工程师鉴定指导中心组织编写，由全国电子行业资深专家韩广兴教授亲自指导。编写人员有行业资深工程师、高级技师和一线教师，使读者在学习过程中如同有一群专家在身边指导，将学习和实践中需要注意的重点、难点一一化解，大大提升学习效果。

另外，本书充分结合多媒体教学的特点，首先，图书在内容的制作上大胆进行多媒体教学模式的创新，将传统的"读文"学习变为"读图"学习。其次，图书还开创了数字媒体与传统纸质载体交互的全新教学方式。学习者可以通过书中的二维码进入数字媒体资源学习的全新体验。数字媒体教学资源与图书的图文资源相互衔接，相互补充，充分调动学习者的主观能动性，确保学习者在短时间内获得最佳的学习效果。

本丛书得到了数码维修工程师鉴定指导中心的大力支持。读者可登录数码维修工程师的官方网站（www.chinadse.org）获得超值技术服务。

读者通过学习与实践还可参加相关资质的国家职业资格或工程师资格认证，可获得相应等级的国家职业资格或数码维修工程师资格证书。如果读者在学习和考核认证方面有什么问题，可通过以下方式与我们联系：

数码维修工程师鉴定指导中心　　　　　　　　　网址：http://www.chinadse.org

联系电话：022-83718162/83715667/13114807267

E-mail：chinadse@163.com

地址：天津市南开区榕苑路4号天发科技园8-1-401　邮编300384

本书由数码维修工程师鉴定指导中心组织编写，由韩雪涛任主编，吴瑛、韩广兴任副主编。参加本书内容整理工作的还有张丽梅、宋明芳、朱勇、吴玮、吴惠英、张湘萍、高瑞征、韩雪冬、周文静、吴鹏飞、唐秀鸯、王新霞、马梦霞、张义伟。

编　者

目 录

彩色图解中央空调安装、维修技能速成

P55

3

第3章

风冷式中央空调的安装技能（P62）

P88

彩色图解中央空调安装、维修技能速成

4
第4章

水冷式中央空调的安装技能（P92）

5
第5章

多联式中央空调的安装技能（P100）

目录

6

第6章

中央空调的故障特点和检修分析（P134）

彩色图解中央空调安装、维修技能速成

7

第7章

彩色图解中央空调安装、维修技能速成

中央空调管路系统的维修技能（P163）

P177

目录

P208

P220

P225

P226

彩色图解中央空调安装、维修技能速成

第1章
中央空调的基础知识

1.1 中央空调的种类特点

1.1.1 中央空调的功能特点

　　中央空调是一种应用于大范围（区域）的空气温度调节系统。它通常是由一台（或一组）室外机通过风道、制冷管路或冷热水管道的形式连接多台室内末端设备来实现对大面积室内空间或多个独立房间制冷（制热）及空气调节的控制。

> **图1-1** 普通分体式空调器的应用特点

　　图1-1为普通分体式空调器的应用特点。普通分体式空调器的室外机安装在室外，室内机安装在需要制冷（或制热）的房间内，室外机和室内机通过管路进行连接。如果是房间很多的时候，就需要每个制冷房间都安装一套分体式空调器。这将给安装、保养和维护检修带来很多不便，同时，也会造成不必要的浪费。

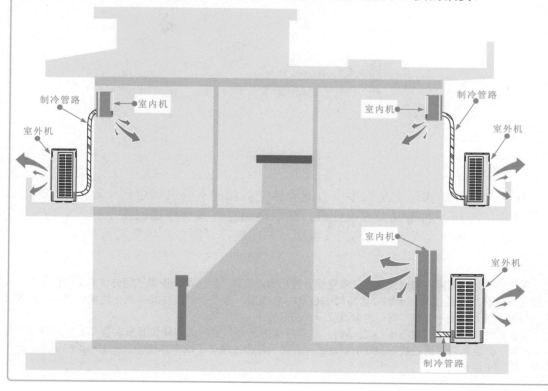

制冷管路　室内机　室内机　制冷管路
室外机　　　　　　　　　　　室外机
室内机
室外机
制冷管路

图1-2 中央空调的应用特点

图1-2为中央空调的应用特点。采用中央空调系统时，户外安装一台（或一组）室外机，并在每个房间（或区域）安装室内末端设备（室内机）。室外机与室内末端设备（室内机）之间通过管路相互连接。

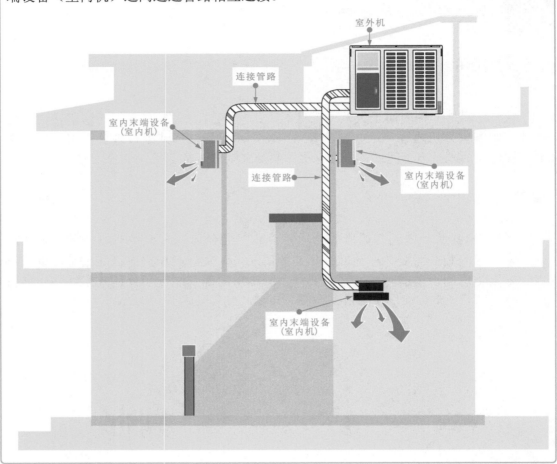

　　中央空调系统实际上是将多个普通分体空调器的室外机集中到一起，完成对空气的净化、冷却、加热或加湿等处理，然后再通过连接管路送到多个室内末端设备（室内机），进而实现对不同房间（或区域）的制冷（制热）和空气调节。

　　普通分体式空调器在实现大范围（多空间区域）的温度调节时，需要安装多组分体式空调器，即每一台室外机都需要通过独立的制冷管路与一台室内机连接，形成一个独立的系统，这样会使得布线凌乱、制冷效果无法统一调整，同时也会造成很大的浪费。
　　而采用中央空调，即由一台（或一组）室外机集中工作，室内的不同位置安装多个室内末端设备（室内机），这些设备通过统一规划的管路连接，很大程度上降低了成本，使得安装规划更加简单，既美观，又便于维护。

1.1.2 中央空调的分类

中央空调的种类多样，根据用途的不同可以分为商用中央空调和家用中央空调。根据制冷（制热）方式的不同，常见的中央空调系统大体可以分为风冷式中央空调、水冷式中央空调、多联式中央空调等。其中，风冷式中央空调和水冷式中央空调多为商用，而多联式中央空调则多为家用。

❶ 商用中央空调

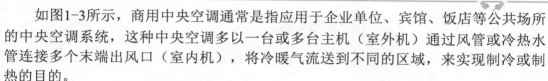

图1-3 商用中央空调

如图1-3所示，商用中央空调通常是指应用于企业单位、宾馆、饭店等公共场所的中央空调系统，这种中央空调多以一台或多台主机（室外机）通过风管或冷热水管连接多个末端出风口（室内机），将冷暖气流送到不同的区域，来实现制冷或制热的目的。

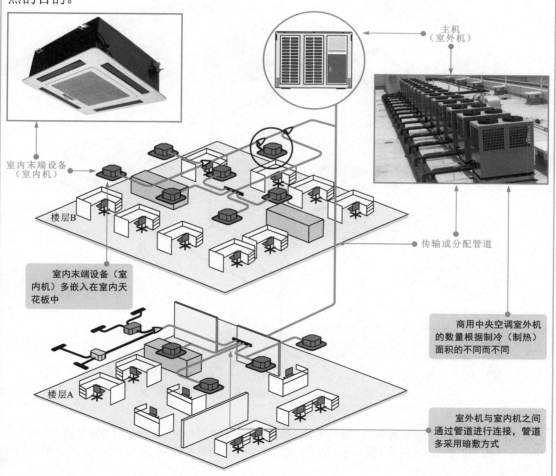

主机（室外机）

室内末端设备（室内机）

楼层B

室内末端设备（室内机）多嵌入在室内天花板中

传输或分配管道

商用中央空调室外机的数量根据制冷（制热）面积的不同而不同

楼层A

室外机与室内机之间通过管道进行连接，管道多采用暗敷方式商用中央空调具有体积庞大、结构复杂，经济节能、管理方便等特点。常见的有风冷式风循环中央空调、风冷式水循环中央空调和水冷式中央空调。

❷ 家用中央空调

 图1-4　家用中央空调

如图1-4所示，家用中央空调也称为家庭中央空调或户式中央空调，是应用于家庭的小型化独立空调系统。这种中央空调多以一台主机（室外机）通过制冷管路连接多个末端设备（室内机），将冷暖气流送到家庭内不同的房间（或区域），来实现室内空气的调节（制冷或制热）。

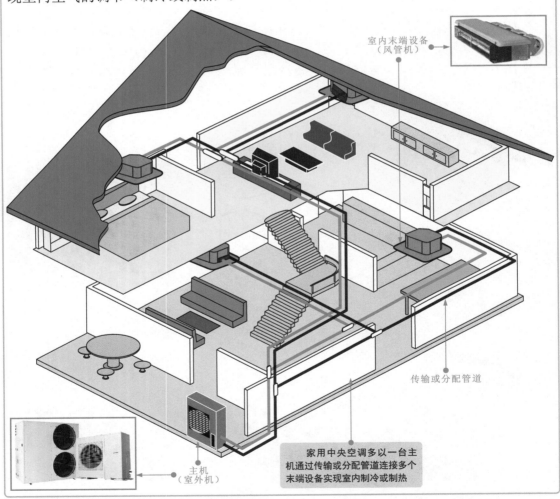

室内末端设备（风管机）

传输或分配管道

主机（室外机）

家用中央空调多以一台主机通过传输或分配管道连接多个末端设备实现室内制冷或制热

家用中央空调多为多联式中央空调系统（简称多联机）。这种中央空调最大的特点是采用一台室外机与多台室内机连接，可实现大面积家庭住宅内的统一制冷（制热）控制，减少安装的成本，使得控制与保养维护都变得更加便捷。

1.2 风冷式风循环中央空调的结构原理

1.2.1 风冷式风循环中央空调的结构组成

　　风冷式风循环中央空调是一种常见的中央空调系统。常在商用环境下应用。这种空调系统是借助空气流动（风）作为冷却和循环传输介质从而实现温度调节的。

图1-5 风冷式风循环中央空调器的结构特点

　　如图1-5所示，风冷式风循环中央空调的室外机借助空气流动（风）对制冷管路中的制冷剂进行降温或升温处理，然后将降温或升温后的制冷剂经管路送至室内机（风管机）中，由室内机（风管机）将制冷（或制热）后的空气送入风道，经风道上的送风口（散流器）将降温或升温的空气送入各个房间或区域，从而改变室内温度，实现制冷或制热效果。

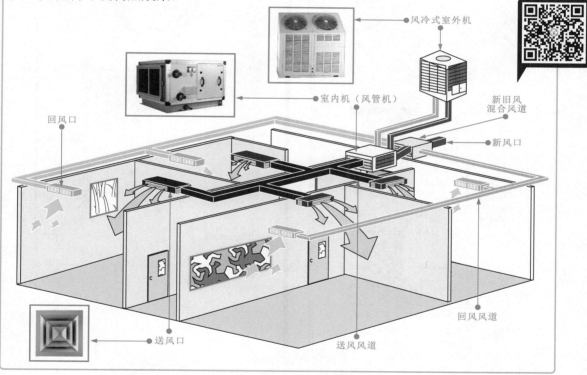

　　为确保空气的质量，许多风冷式风循环商用中央空调安装有新风口、回风口和回风风道。室内的空气由回风口进入风道与新风口送入的室外新鲜空气进行混合后再吸入室内，起到良好的空气调节作用。这种中央空调对空气的需求量较大，所以要求风道的截面积也较大，很是占用建筑物的空间。除此之外，该系统的中央空调其耗电量较大，有噪声。多数情况下应用于有较大空间的建筑物中，例如，超市、餐厅以及大型购物广场等。

图1-6 风冷式风循环中央空调器的结构组成

如图1-6所示，风冷式风循环中央空调系统主要是由风冷式室外机、风冷式室内机、送风口（散流器）、室外风机、风道连接器、过滤器、新风口、回风口、风道以及风道中的风量控制设备等构成。

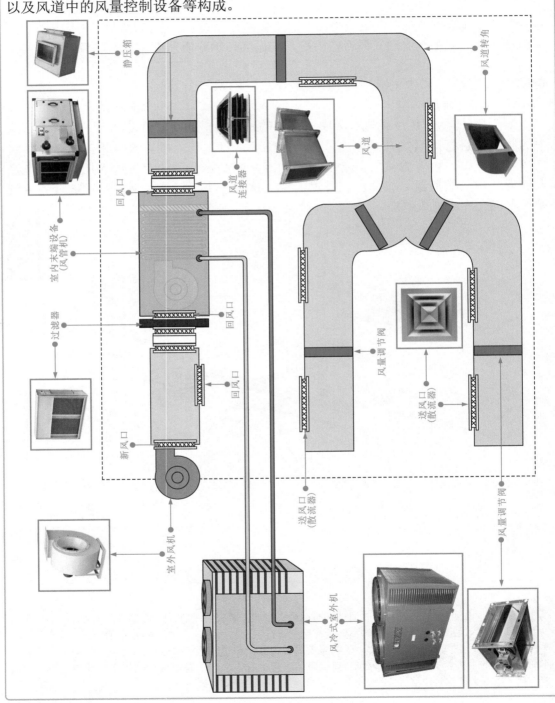

❶ 风冷式室外机

图1-7　风冷式室外机

　　图1-7为风冷式室外机的实物外形。风冷式室外机采用空气循环散热方式对制冷剂降温，其结构紧凑，可安装在楼顶及地面上。

❷ 风冷式室内机

图1-8　风冷式室内机

　　图1-8为风冷式室内机的实物外形。风冷式室内机（风管机）多采用风管式结构。主要是由封闭的外壳将其内部风机、蒸发器以及空气加湿器等集成在一起，在其两端有回风口和送风口。由回风口将室内的空气或由新旧风混合的空气送入风管机中，由风机将其空气通过蒸发器进行热交换，再由风管机中的加湿器对空气进行加湿处理，最后由送风口将处理后的空气送入风道中。

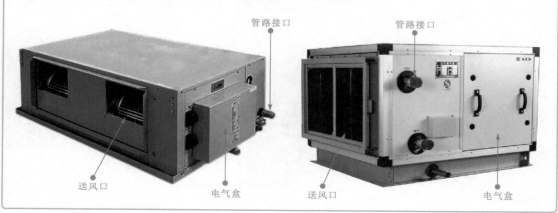

❸ 送风风道系统

图1-9　送风风道系统

图1-9为风冷式风循环中央空调的送风风道系统。由风管机（室内机）将升温或降温后的空气经送风口送入风道中，在风道中经静压箱进行降压，再经风量调节阀对风量进行调节后将热风或冷风经送风口（散流器）送入室内。

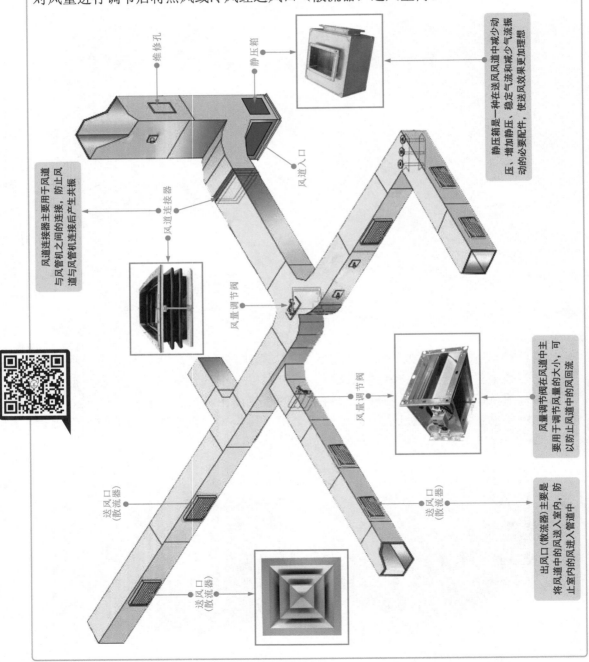

维修孔

静压箱

静压箱是一种在送风风道中减少动压、增加静压，稳定气流和减少风流振动的必要配件，使送风效果更加理想

风道入口

风道连接器主要用于风道与风管机之间的连接，防止风道与风管机连接后产生共振

风道连接器

风量调节阀

风量调节阀

风量调节阀在风道中主要用于调节风量的大小，可以防止风道中的风回流

送风口（散流器）

送风口（散流器）

送风口（散流器）

出风口（散流器）主要是将风道中的风送入室内，防止室内的风进入管道中

图1-10 送风风道

图1-10为送风风道的实物外形。送风风道简称风管,一般由铁皮、夹芯板或聚氨酯板等材料制成。中央空调系统通过风道可有效地将风量输送到出风口。

送风风道

送风风道

图1-11 风量调节阀

图1-11为风量调节阀的实物外形。风量调节阀简称调风门,是不可缺少的中央空调末端配件,一般用在中央空调送风风道系统中,用来调节支管的风量。主要有电动风量调节阀和手动风量调节阀两种。

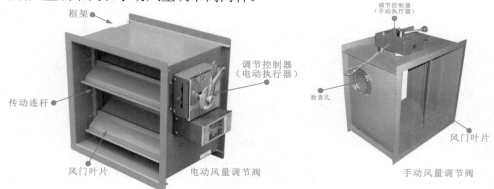

框架

调节控制器
(电动执行器)

传动连杆

风门叶片

电动风量调节阀

调节控制器
(手动执行器)

检查孔

风门叶片

手动风量调节阀

图1-12 静压箱

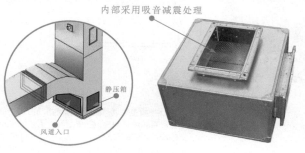

内部采用吸音减震处理

静压箱

风道入口

图1-12为静压箱的实物外形。静压箱内部由吸音减震材料制成,可起到消除噪声、稳定气流的作用,使送风效果更加理想。

1.2.2 风冷式风循环中央空调的工作原理

图1-13为风冷式风循环中央空调的制冷原理。

图1-13 风冷式风循坏中央空调器的制冷原理

① 当风冷式风循环商用中央空调开始进行制冷时，制冷剂在压缩机中被压缩，低温低压的制冷剂气体被压缩为高温高压的气体，由压缩机的排气口送入电磁四通阀中

② 由电磁四通阀的D口进入，A口送出，电磁四通阀的A口直接与冷凝器管路连接，高温高压气态的制冷剂进入冷凝器中，由轴流风扇对冷凝器中的制冷剂进行散热

③ 制冷剂经降温后转变为低温高压的液态制冷剂，经单向阀1后送入干燥过滤器1中滤除水分和杂质，再经毛细管1进行节流降压输出低温低压的液态制冷剂

⑩ 蒸发器中低温低压的液态制冷剂，通过与空气进行热交换后变为低温低压的气态制冷剂，经管路送入室外机中，经电磁四通阀的C口进入，由B口将其送入压缩机中，开始进入下一次制冷循环

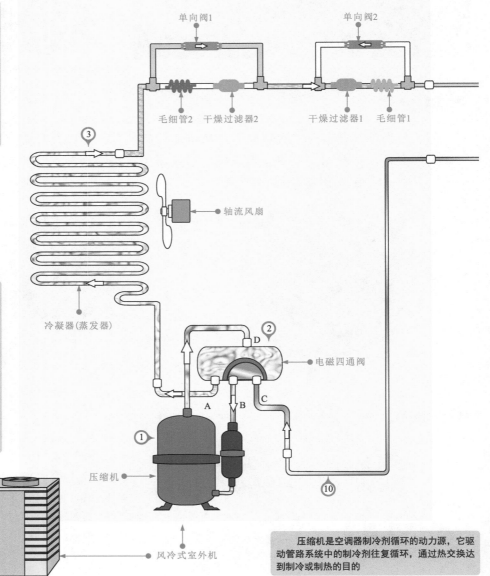

单向阀1　　单向阀2

毛细管2　干燥过滤器2　　干燥过滤器1　毛细管1

轴流风扇

冷凝器(蒸发器)

电磁四通阀

D

A　B　C

压缩机

风冷式室外机

压缩机是空调器制冷剂循环的动力源，它驱动管路系统中的制冷剂往复循环，通过热交换达到制冷或制热的目的

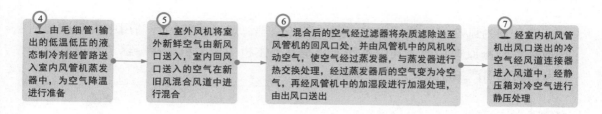

④ 由毛细管1输出的低温低压的液态制冷剂经管路送入室内风管机蒸发器中，为空气降温进行准备

⑤ 室外风机将室外新鲜空气由新风口送入，室内回风口送入的空气在新旧风混合风道中进行混合

⑥ 混合后的空气经过滤器将杂质滤除送至风管机的回风口处，并由风管机中的风机吹动空气，使空气经过蒸发器，与蒸发器进行热交换处理，经过蒸发器后的空气变为冷空气，再经风管机中的加湿段进行加湿处理，由出风口送出

⑦ 经室内机风管机出风口送出的冷空气经风道连接器进入风道中，经静压箱对冷空气进行静压处理

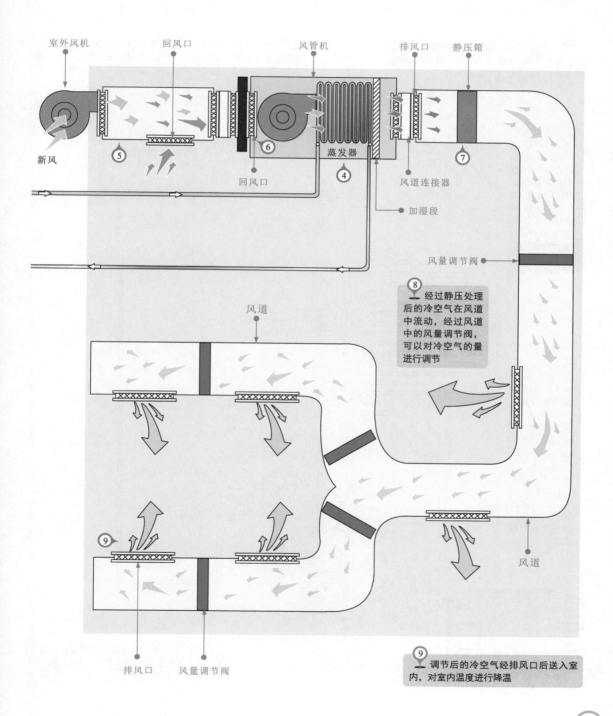

⑧ 经过静压处理后的冷空气在风道中流动，经过风道中的风量调节阀，可以对冷空气的量进行调节

⑨ 调节后的冷空气经排风口后送入室内，对室内温度进行降温

图1-14为风冷式风循环中央空调的制热原理。风冷式风循环商用中央空调的制热原理与制冷原理相似，其中不同的只是室外主机中压缩机、冷凝器与室内机中蒸发器的功能由产生冷量变为产生热量。

图1-14 风冷式风循环中央空调器的制热原理

① 当风冷式风循环商用中央空调开始进行制热时，室外机中的电磁四通阀通过控制电路控制，使其内部滑块由B、C口移动至A、B口

② 此时压缩机开始运转，将低温低压的制冷剂气体压缩为高温高压的过热蒸汽，由压缩机的排气口送入电磁四通阀的D口，再由C口送出，电磁四通阀的C口与室内机的蒸发器进行连接

⑨ 风管机蒸发器中的制冷剂与空气进行热交换后，制冷剂转变为低温高压的液体进入室外机中，经室外机中单向阀2后送入干燥过滤器2滤除水分和杂质，再经毛细管2进行节流降压

⑩ 由毛细管2输出的低温低压液态制冷剂送入冷凝器中，轴流风扇转动，使冷凝器进行热交换后，制冷剂转变为低温低压的气体经电磁四通换向阀的A口进入，由B口将其送回压缩机中，进入第二次制热循环

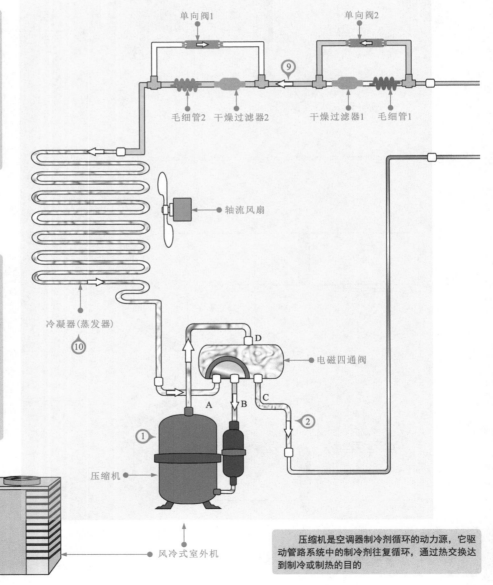

单向阀1
单向阀2
⑨
毛细管2 干燥过滤器2 干燥过滤器1 毛细管1
轴流风扇
冷凝器(蒸发器)
⑩
D
电磁四通阀
A B C
②
①
压缩机
风冷式室外机

压缩机是空调器制冷剂循环的动力源，它驱动管路系统中的制冷剂往复循环，通过热交换达到制冷或制热的目的

③ 高温高压气态的制冷剂经室内、室外之间的连接管路送入风管机的蒸发器中，为空气升温进行准备

④ 室内控制电路对室外风机进行控制，使室外风机开启送入适量的新鲜空气，使其进入新旧风混合风道。因为冬季室外的空气温度较低，若送入大量的新鲜空气，可能导致风管式中央空调的制热效果下降

⑤ 由室内回风口将室内空气送入，室外送入的新鲜空气与室内送入的空气在新旧风混合风道中进行混合。再经过滤器将杂质滤除送至风管机的回风口处

⑥ 滤除杂质后的空气经回风口送入风管中，由风管机中的风机将空气吹动，空气经过蒸发器后，与蒸发器进行热交换处理，经过蒸发器后的空气变为暖空气，再经风管机中的加湿段进行加湿处理，由排风口送出

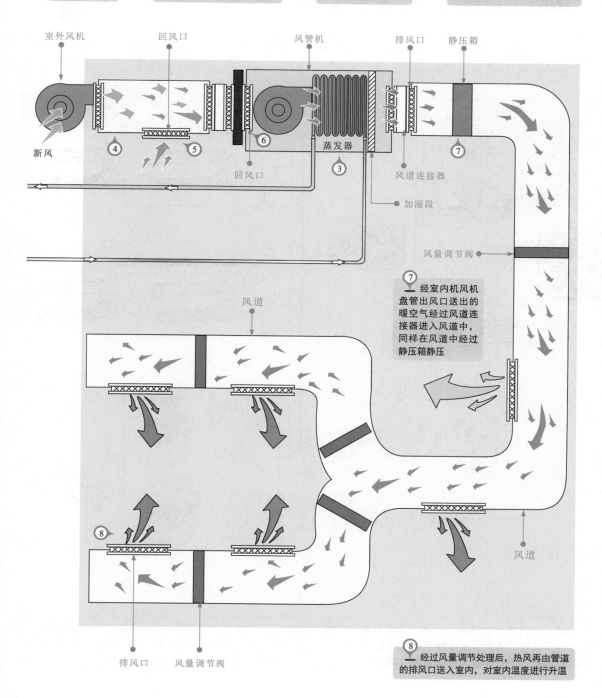

室外风机　　回风口　　　　　风管机　　　排风口　静压箱

新风

④　　⑤　　⑥　　　蒸发器
回风口
③
风道连接器
加湿段

风量调节阀

⑦ 经室内机风机盘管出风口送出的暖空气经过风道连接器进入风道中，同样在风道中经过静压箱静压

风道

风道

⑧

排风口　　风量调节阀

⑧ 经过风量调节处理后，热风再由管道的排风口送入室内，对室内温度进行升温

1.3 风冷式水循环中央空调的结构原理

1.3.1 风冷式水循环中央空调的结构组成

图1-15 风冷式水循环中央空调器的结构组成

如图1-15所示，风冷式水循环商用中央空调系统主要是由风冷机组、室内末端设备（风机盘管）、膨胀水箱、制冷管路、冷冻水泵以及闸阀组件和压力表等构成。

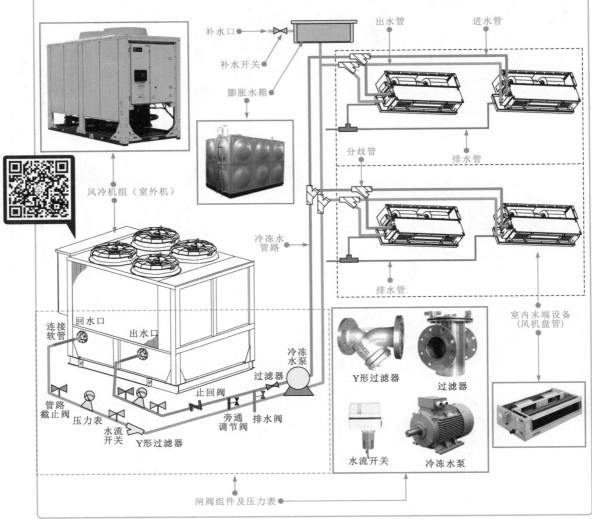

风冷式水循环中央空调是指室外机借助空气流动（风）对制冷管路中的制冷剂进行降温或升温处理，实现对冷冻管路中冷冻水的降温（或升温），然后将降温（或升温）后的水送入室内末端设备（风机盘管）中，由室内末端设备（风机盘管）与室内空气进行热交换后，从而实现对空气的调节。

❶ 风冷机组（室外机）

图1-16为风冷机组的实物外形。风冷机组是以空气流动（风）作为冷（热）源，以水作为供冷（热）介质的中央空调机组。

图1-16 风冷机组（室外机）

压缩机　　翅片冷凝器

❷ 冷冻水泵

图1-17为冷冻水泵的实物外形。冷冻水泵连接在风冷机组的末端，主要用于对风冷机组降温的冷冻水加压后送到冷冻水管路中。

图1-17 冷冻水泵

风冷机组（室外机）

冷冻水管路

冷冻水泵

❸ 闸阀组件及压力表

图1-18为闸阀组件及压力表的实物外形。闸阀组件中主要包括Y形过滤器、过滤器、水流开关、止回阀、旁通调节阀以及排水阀等。

图1-18 闸阀组件及压力表

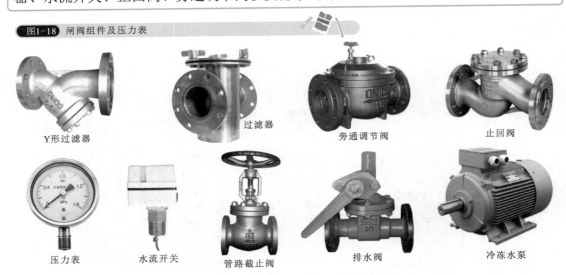

Y形过滤器　　　过滤器　　　　旁通调节阀　　　　止回阀

压力表　　　水流开关　　管路截止阀　　　排水阀　　　冷冻水泵

❹ 风机盘管（室内机）

图1-19为风机盘管的实物外形。风机盘管是风冷式水循环中央空调的室内末端设备。主要是利用风扇作用，使空气与盘管中的冷水（热水）进行热交换，并将降温或升温后的空气输出。

图1-19 风机盘管（室内机）

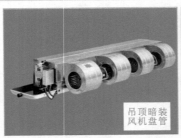

吊顶暗装风机盘管

吊顶明装风机盘管

立式明装风机盘管

立式暗装风机盘管

卡式风机盘管

图1-20为两管制风机盘管和四管制风机盘管的实物外形。两管制风机盘管是比较常见的中央空调末端设备，它在夏季可以流通冷水、冬季流通热水；而四管制风机盘管可以同时流通热水和冷水，使其可以根据需要分别对不同的房间进行制冷和制热，该类风机盘管多用于酒店等高要求的场所。

图1-20 两管制风机盘管和四管制风机盘管

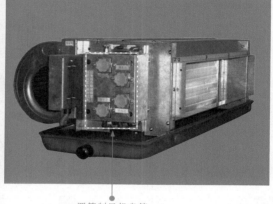

两管制风机盘管　　　　　　　　　　　　四管制风机盘管

⑤ 膨胀水箱

图1-21为膨胀水箱的实物外形。膨胀水箱是风冷式水循环商用中央空调中非常重要的部件之一，主要作用是平衡水循环管路中的水量及压力。

图1-21 膨胀水箱

方形膨胀水箱　　　　　　　　　　　　圆柱形膨胀水箱

1.3.2　风冷式水循环中央空调的工作原理

图1-22为风冷式水循环中央空调的制冷原理。

图1-22 风冷式水循环中央空调器的制冷原理

风冷机组

② 高温高压的气态制冷剂经制冷管路，送入翅片式冷凝器中，由冷凝风机（散热风扇）吹动空气，对翅片式冷凝器中的制冷剂进行降温，制冷剂由气态变成低温高压液态

③ 低温高压的液态制冷剂由翅片式冷凝器流出进入制冷管路，制冷管路中的电磁阀关闭，截止阀打开后，制冷剂经制冷管路中的储液罐、截止阀、干燥过滤器、液视镜后形成低温低压的液态制冷剂

① 风冷式水循环商用中央空调制冷时，由室外机中的压缩机对制冷剂进行压缩，将制冷剂压缩为高温高压的制冷剂气体，由电磁四通阀的A口进入，经D口送出

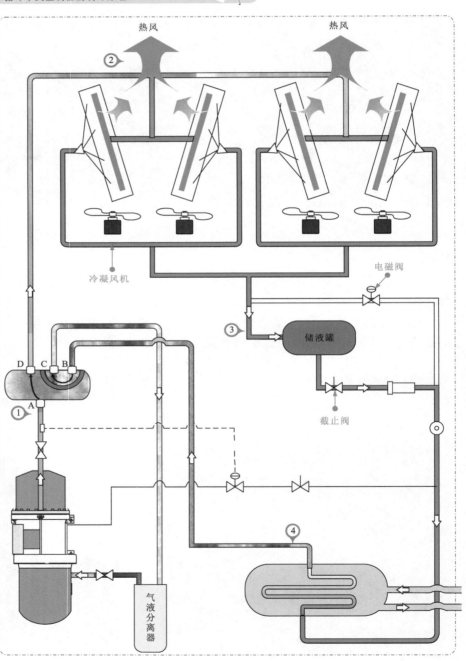

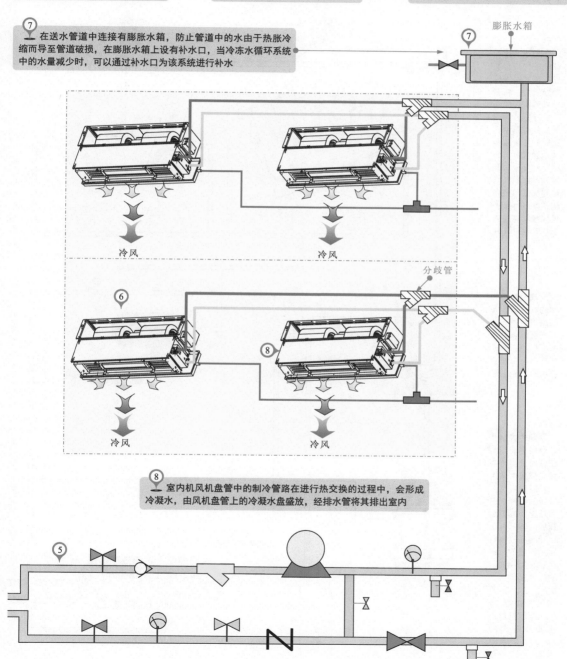

④ 低温低压的液态制冷剂进入壳管式蒸发器中，与冷冻水进行热交换，由壳管式蒸发器送出低温低压的气态制冷剂，再经制冷管路，进入电磁四通阀的B口中，由C口送出，进入汽液分离器后送回压缩机，由压缩机再次对制冷剂进行制冷循环

⑤ 壳管式蒸发器中的制冷管路与循环的冷冻水进行热交换，冷冻水经降温后由壳管式蒸发器的出水口送出，冷冻水进入送水管道中经管路截止阀、压力表、水流开关、止回阀、过滤器后以及管道上的分歧管后，分别将冷冻水送入各个室内风机盘管中

⑥ 由室内风机盘管与室内空气进行热交换，从而对室内进行降温。冷冻水经风管机进行热交换后，经过分歧管循环进入回水管道，经压力表冷冻水泵、Y形过滤器、单向阀以及管路截止阀后，经壳管式蒸发器的入水口送回壳管式蒸发器中，再次进行热交换循环

⑦ 在送水管道中连接有膨胀水箱，防止管道中的水由于热胀冷缩而导至管道破损，在膨胀水箱上设有补水口，当冷冻水循环系统中的水量减少时，可以通过补水口为该系统进行补水

膨胀水箱

冷风

冷风

分歧管

冷风

冷风

⑧ 室内机风机盘管中的制冷管路在进行热交换的过程中，会形成冷凝水，由风机盘管上的冷凝水盘盛放，经排水管将其排出室内

图1-23为风冷式水循环中央空调的制热原理。风冷式水循环中央空调的制热原理与制冷原理相似，其中不同的只是室外机的功能由制冷循环转变为制热循环。

图1-23 风冷式水循环中央空调器的制热原理

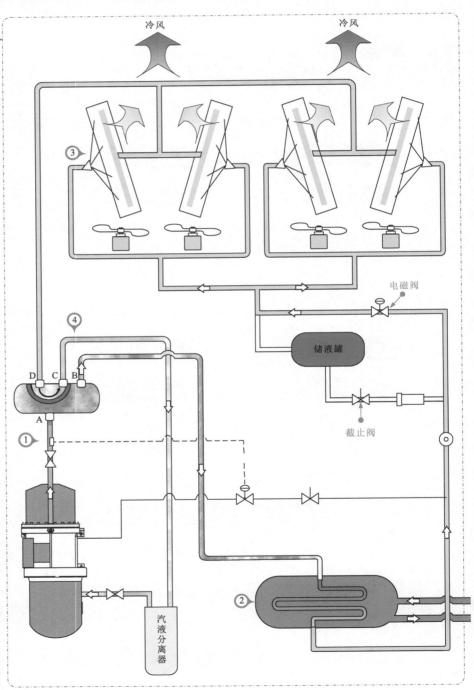

风冷机组

③ 高温高压气体的制冷剂经壳管式蒸发器进行热交换后，转变为低温高压的液态制冷剂，并进入制热管路中，此时制热管路中的电磁阀开启、截止阀关闭，制冷剂经电磁阀后转变为低温低压的液体制冷剂，继续经管路进入翅片式冷凝器中

② 高温高压气体的制冷剂进入制热管路后，送入壳管式蒸发器中，与冷冻水进行热交换，使冷冻水的温度升高

① 风冷式水循环中央空调制热工作时，制冷剂在压缩机中被压缩，将原来低温低压的制冷剂气体压缩为高温高压的气体，电磁四通阀在控制电路的控制下，将内部阀块由C、B口移动至C、D口，此时高温高压气体的制冷剂由压缩机送入电磁四通阀的A口，经电磁四通阀的B口进入制热管路中

冷风

冷风

电磁阀

储液罐

截止阀

汽液分离器

④ 由冷凝风机对翅片式冷凝器进行降温，制冷剂经翅片式冷凝器后转变为低温低压的气态制冷剂。

低温低压气态的制冷剂经电磁四通阀D口进入，经C口送入汽液分离器中，进行汽液分离后，送入压缩机中，由压缩机再次对制冷剂进行制热循环

⑤ 壳管式蒸发器中的制热管路与循环冷冻水进行热交换，冷冻水经升温后由壳管式蒸发器的出水口送出，升温后的冷冻水进入送水管道后经管路截止阀、压力表、水流开关、止回阀、过滤器后以及管道上的分歧管后，分别将升温后的冷冻水送入各个室内风机盘管中

⑥ 由室内风机管与室内空气进行热交换，从而实现室内升温，冷冻水经风机盘管进行热交换后，经过分歧管进入回水管道，经压力表、冷冻水泵、Y形过滤器、单向阀以及管路截止阀后，经壳管式蒸发器的入水口回到壳管式蒸发器中，再次与制冷剂进行热交换循环

⑦ 在送水管道中连接有膨胀水箱，由于管路中的冷冻水升温，可能会发生热涨的效果，所以此时涨出的冷冻水进入膨胀水箱，防止管道压力过大而破损，在膨胀水箱上设有补水口，当冷冻水循环系统中的水量减少时，有可以通过补水口为该系统进行补水

膨胀水箱

热风

热风

热风

热风

⑧ 当室内机风机盘管进行热交换时，管路中可能会形成冷凝水，此时由风机盘管上的冷凝水盘盛放，经排水管将其排出室内，防止对室内环境造成损害

1.4 水冷式中央空调的结构原理

1.4.1 水冷式中央空调的结构组成

图1-24 水冷式中央空调器的结构特点

如图1-24所示，水冷式中央空调是指通过冷却水塔、冷却水泵对冷却水进行降温循环从而对水冷机组中冷凝器内的制冷剂进行降温，使降温后的制冷剂流向蒸发器中，经蒸发器对循环的冷冻水进行降温，从而将降温后的冷冻水送至室内末端设备（风机盘管）中，由室内末端设备（风机盘管）与室内空气进行热交换后，从而实现对空气的调节。

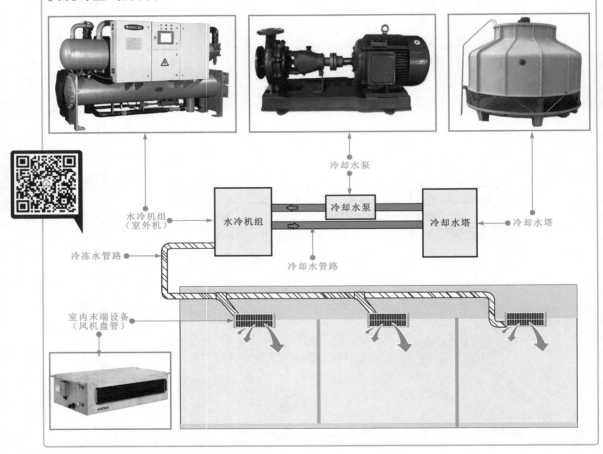

水冷式商用中央空调系统主要是通过对水的降温处理，使室内末端设备可以进行热交换处理，对室内空气进行降温。若需要使用该系统制热时，需要在冷却水降温系统中添加锅炉等制热设备，可以对管路中的冷却水进行加温，水冷机组冷凝器中的制冷剂升温，经压缩机运转循环送入蒸发器中，由蒸发器将管路中的水升温，形成热水循环，在由室内末端设备进行热交换处理，对室内空气进行升温。

图1-25 水冷式中央空调器的结构组成

如图1-25所示，水冷式中央空调主要是由水冷机组、冷却水塔、风机盘管、膨胀水箱、冷冻水管路、冷却水泵、冷冻水泵以及闸阀组件和压力表等构成。

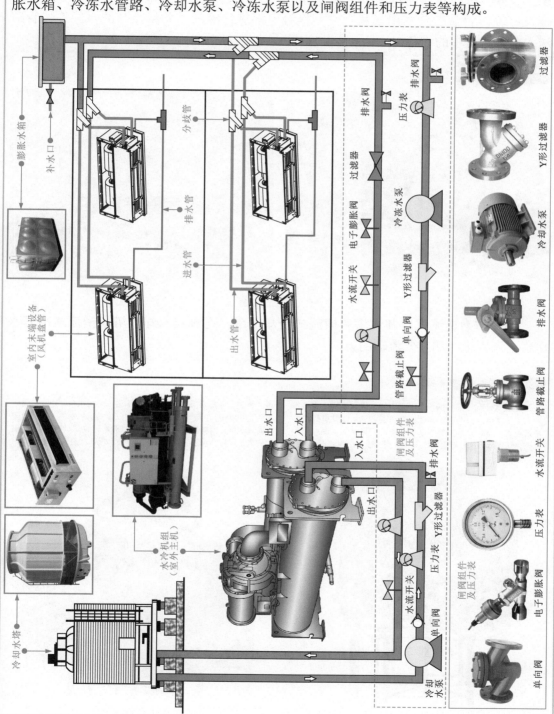

❶ 冷却水塔

图1-26为冷却水塔的实物外形。冷却水塔是集合空气动力学、热力学、流体学、化学、生物化学、材料学、静/动态结构力学以及加工技术等多种学科为一体的综合产物。它是一种利用水与空气的接触对水进行冷却，并将冷却的水经连接管路送入水冷机组中的设备。

图1-26 冷却水塔

图1-27为逆流式冷却水塔和横流式冷却水塔。逆流式冷却水塔和横流式冷却水塔主要区别于水和空气流动的方向。

图1-27 逆流式冷却水塔和横流式冷却水塔

逆流式冷却水塔中的水自上而下进入淋水填料，空气为自下而上吸入，两者流向相反。该类型的水塔具有配水系统不易堵塞、淋水填料可以保持清洁不易老化、湿气回流小、防冻冰措施设置便捷、安装简便、噪声小等特点

横流式冷却水塔中的水自上而下进入淋水填料，空气自塔外水平流向塔内，两者流向呈垂直正交。该类型的水塔一般需要较多填料散热、填料易老化、布水孔易堵塞、防冻冰性能不良；但其节能效果好、水压低、风阻小、无滴水噪声和风动噪声

逆流式冷却水塔

横流式冷却水塔

根据分类方式的不同，冷却水塔有多种类型，例如按照通风方式进行分类可以分为自然通风式冷却水塔、机械通风式冷却水塔、混合通风式冷却水塔；按照水域空气接触的方式可以分为湿式冷却水塔、干式冷却水塔以及干湿式冷却水塔；按照应用领域可以分为工业冷却水塔与中央空调冷却水塔；按照噪音级别可以分为普通式冷却水塔、低噪音式冷却水塔、超低噪音式冷却水塔、超静音式冷却水塔；按照形状可以分为圆形冷却水塔与方形冷却水塔；还可以分为喷流式冷却水塔、无风机式冷却水塔等。

❷ 水冷机组和水泵

图1-28为水冷机组和水泵的实物外形。水冷机组是水冷式中央空调系统的核心组成部件，一般安装在专门的空调机房内，它靠制冷剂循环来达到冷凝效果，然后靠水泵完成水循环从而带走一定的冷量。

图1-28 水冷机组和水泵

1.4.2 水冷式中央空调的工作原理

图1-29为水冷式中央空调的工作原理。水冷式中央空调采用压缩机、制冷剂结合蒸发器和冷凝器进行制冷。水冷式中央空调的蒸发器、冷凝器及压缩机均安装在水冷机组，其中，冷凝器采用冷却水循环冷却的方式。

图1-29 水冷式中央空调器的工作原理

① 水冷式中央空调制冷时，水冷机组的压缩机将制冷剂进行压缩，将其压缩为高温高压的制冷剂气体送入壳管式冷凝器中，等待冷却水降温系统对壳管式冷凝器进行降温

② 冷却水降温系统进行循环，由壳管式冷凝器送出温热的水，进入冷却水降温系统的管道中，经过压力表和水流开关后，进入冷却水塔，由冷却水塔对水进行降温处理，再经冷却水塔的出水口送出，经冷却水泵、单向阀、压力表以及Y型过滤器后，进入壳管式冷凝器中，实现对冷凝器的循环降温

③ 送入壳管式冷凝器中的高温高压的制冷剂气体，经过冷却水降温系统的降温后，送出低温高压液体状态的制冷剂，制冷剂经过管路循环进入壳管式蒸发器中，低温低压液体状态的制冷剂在蒸发器管路中吸热汽化，变为低温低压制冷剂气体，然后进入压缩机中，再次进行压缩，进行制冷循环

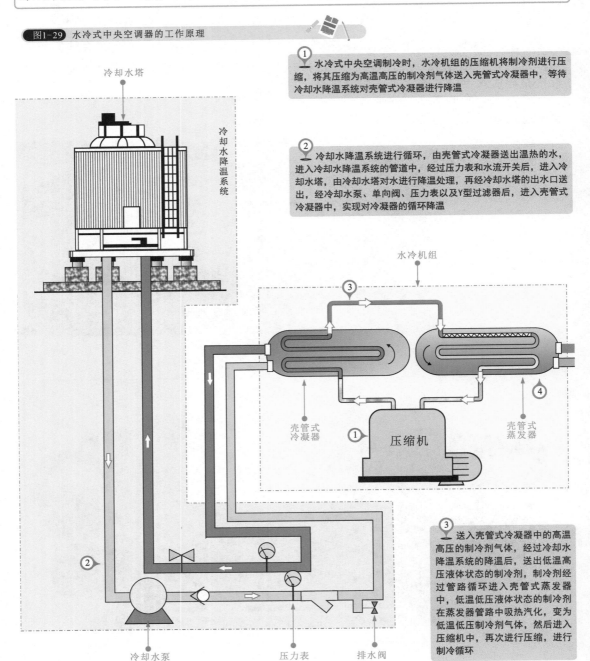

④ 壳管式蒸发器中的制冷剂管路与壳管中的冷冻水进行热交换，将降温后的冷冻水由壳管式蒸发器的出水口送出，进入送水管道中经过管路截止阀、压力表、水流开关、电子膨胀阀以及过滤器在送水管道中循环

⑤ 经降温后的冷冻水经送水管道送入室内风机盘管中，冷冻水在室内风机盘管中进行循环，与室内空气进行热交换处理，从而降低室内温度。进行热交换后的冷冻水循环至回水管道中，经压力表、冷冻水泵、Y形过滤器、单向阀以及管路截止阀后，经入水口送回壳管式蒸发器中。由壳管式蒸发器再次对冷冻水进行降温，使其循环

⑥ 在送水管道中连接有膨胀水箱，防止管道中的冷冻水由于热胀冷缩而导至管道破损，膨胀水箱上带有补水口，当冷冻水循环系统中的水量减少时，也可以通过补水口为该系统进行补水

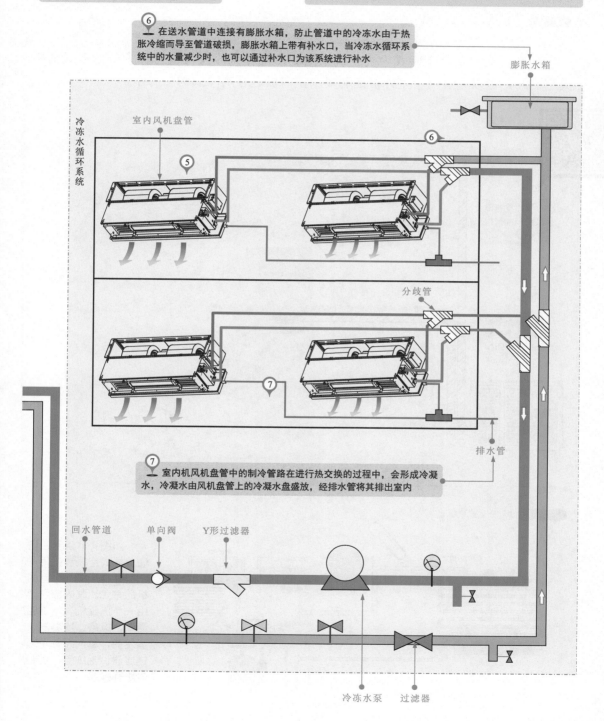

膨胀水箱

冷冻水循环系统

室内风机盘管

分歧管

排水管

⑦ 室内机风机盘管中的制冷管路在进行热交换的过程中，会形成冷凝水，冷凝水由风机盘管上的冷凝水盘盛放，经排水管将其排出室内

回水管道　单向阀　Y形过滤器

冷冻水泵　过滤器

1.5 多联式中央空调的结构原理

1.5.1 多联式中央空调的结构组成

图1-30 多联式中央空调的结构特点

如图1-30所示，多联式中央空调采用制冷剂作为冷媒（也可称为一拖多式的中央空调），可以通过一个室外机拖动多个室内机进行制冷或制热工作。

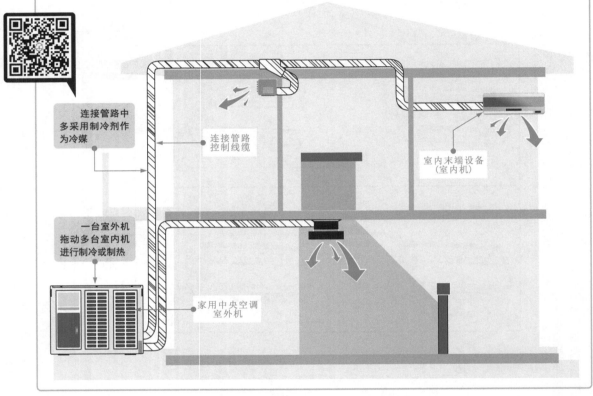

连接管路中多采用制冷剂作为冷媒

连接管路控制线缆

室内末端设备（室内机）

一台室外机拖动多台室内机进行制冷或制热

家用中央空调室外机

图1-31 家用分体式空调器的特点

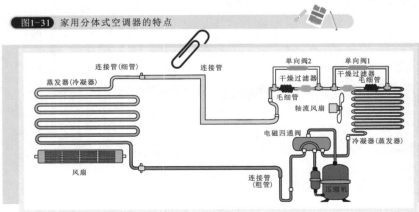

连接管（细管）
连接管
蒸发器(冷凝器)
单向阀2
单向阀1
干燥过滤器
干燥过滤器
毛细管
毛细管
轴流风扇
电磁四通阀
冷凝器(蒸发器)
风扇
连接管(粗管)
压缩机

如图1-31所示，普通分体式空调器采用一个室外机连接一个室内机的方式。其内部主要由一个压缩机、电磁四通阀、风扇、冷凝器、蒸发器、单向阀、干燥过滤器、毛细管、控制电路等构成。

图1-32 多联式中央空调的结构组成

如图1-32所示，多联式中央空调主要是由室内机和室外机两部分构成。室内机中的各管路及电路系统相对独立，而室外机中将多个压缩机连接在一个室外管路循环系统中，由主电路以及变频电路对其进行控制，通过管路系统与室内机组进行冷热交换，达到制冷或制热的目的。

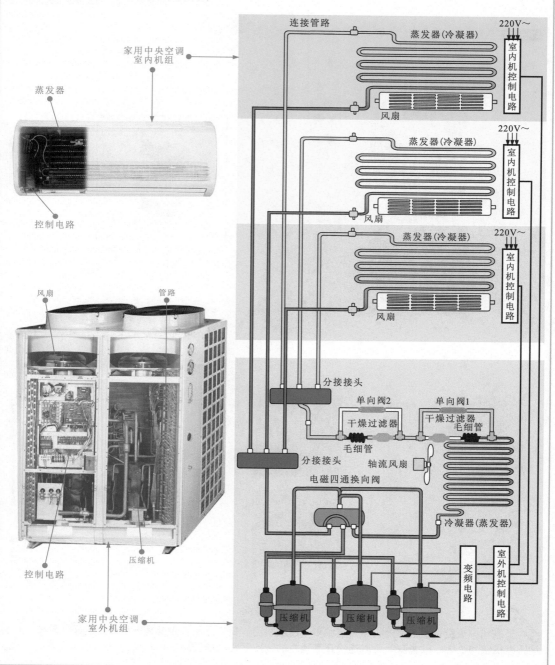

❶ 室外机

图1-33为多联式中央空调室外机的外部结构。室外机主要用来控制压缩机，为制冷剂提供循环动力。通过制冷管路与室内机配合，将室内的能量转移到室外，达到对室内制冷或制热的目的。从外部看，可以看到排风口、上盖、前盖、底座、截止阀、接线护盖等部分。

图1-33 室外机的外部结构

多联式中央空调器的室外机中可容纳多个压缩机组。每个压缩机组都是一个单独的循环系统。其容纳压缩机组的个数，就意味着可以连接几套独立的制冷管路进行循环。

图1-34 室外机的内部结构

图1-34为多联式中央空调室外机的内部结构。室外机内部主要有冷凝器、轴流风扇组件、压缩机、电磁四通阀、毛细管和控制电路等部分。

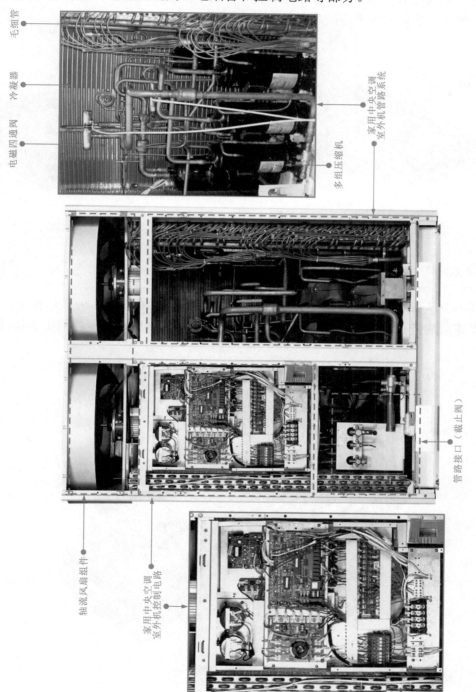

② 风管式室内机

图1-35 风管式室内机的外部结构

图1-35为风管式室内机的外部结构。风管式室内机一般在房屋装修时，嵌入在家庭、餐厅、卧室等各个房间相应的墙壁上。

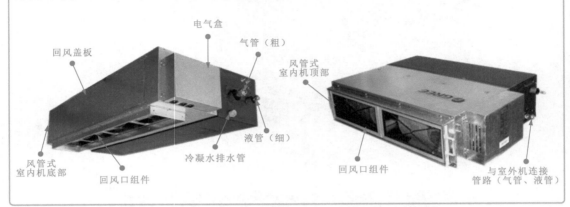

图1-36 风管式室内机的内部结构

图1-36为风管式室内机的内部结构。其内部主要由滤尘网、出风口挡板、出风口、贯流风扇及电动机、蒸发器、电辅热、出水管、控制电路和接线端子等构成。

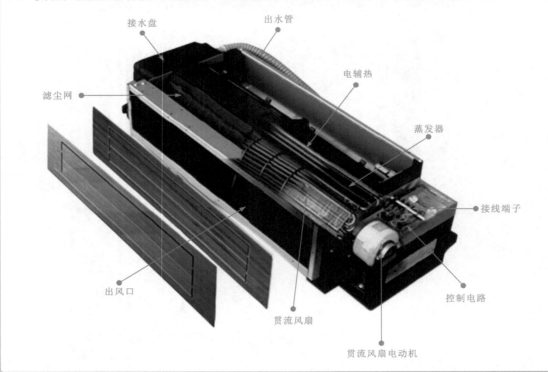

❸ 嵌入式室内机

图1-37 嵌入式室内机的外形结构

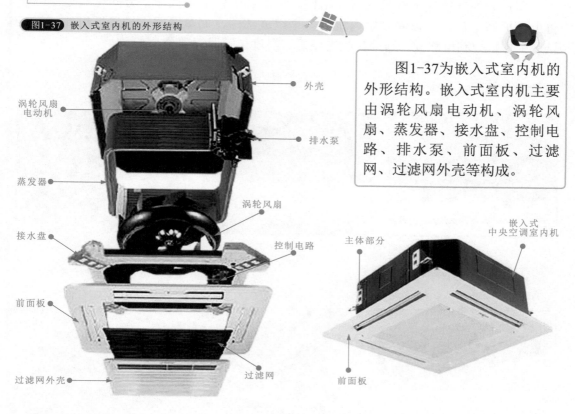

图1-37为嵌入式室内机的外形结构。嵌入式室内机主要由涡轮风扇电动机、涡轮风扇、蒸发器、接水盘、控制电路、排水泵、前面板、过滤网、过滤网外壳等构成。

外壳
涡轮风扇电动机
排水泵
蒸发器
涡轮风扇
接水盘
控制电路
前面板
过滤网外壳
过滤网
主体部分
嵌入式中央空调室内机
前面板

❹ 壁挂式室内机

图1-38为壁挂式室内机的外部结构。壁挂式室内机可以根据用户的需要挂在房间的墙壁上。从壁挂式室内机的正面可以找到进风口、前盖、吸气栅（空气过滤部分）、显示和遥控接收面板、导风板、出风口等部分。

图1-38 壁挂式室内机的外部结构

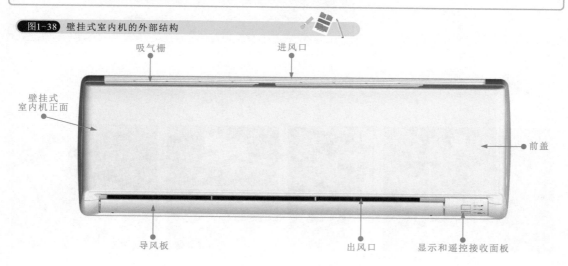

吸气栅
进风口
壁挂式室内机正面
前盖
导风板
出风口
显示和遥控接收面板

图1-39为壁挂式室内机的内部结构。可以看到位于吸气栅下方的空气过滤网，将上盖拆卸下后，可以看到室内机的各个组成部件，如蒸发器、导风板组件、贯流风扇组件、控制电路板、遥控接收电路板、温度传感器等部分。

图1-39 壁挂式室内机的内部结构

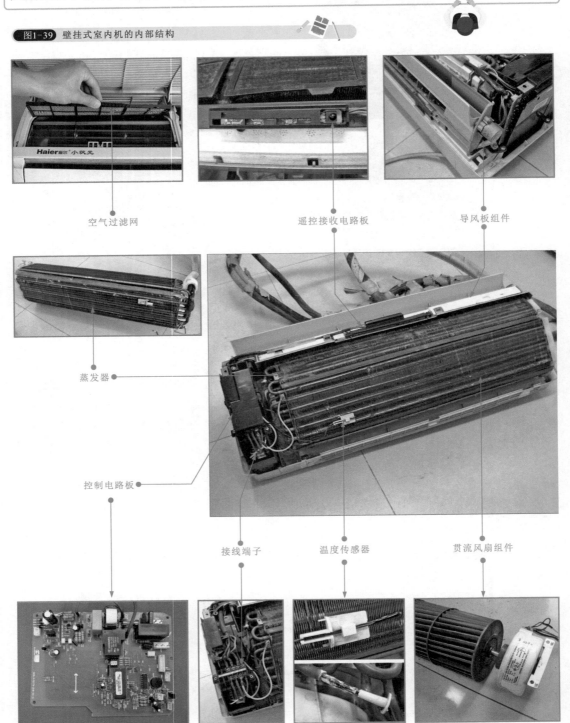

空气过滤网　　遥控接收电路板　　导风板组件

蒸发器

控制电路板

接线端子　　温度传感器　　贯流风扇组件

❺ 柜式室内机

图1-40为柜式室内机的结构。柜式室内机可以根据用户的需要垂直放置于地面上，其结构与壁挂式有所不同，柜式室内机进气栅板和空气过滤网位于机身下方，拆下进气栅板和空气过滤网后可看到柜式室内机特有的离心风扇，出风口位于机身上部，蒸发器位于出风口附近。

图1-40 柜式室内机的结构

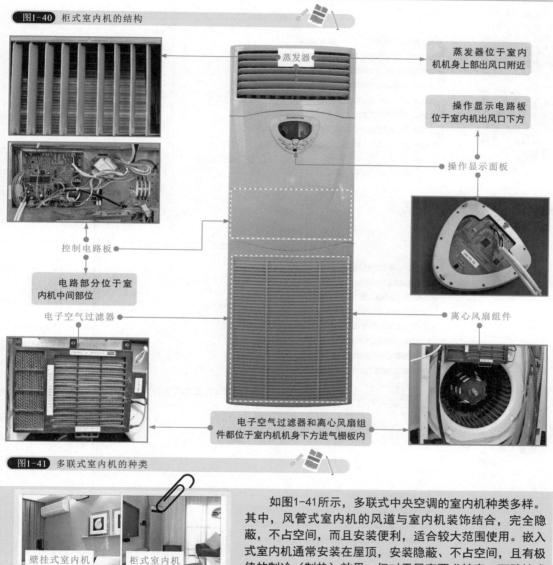

蒸发器

蒸发器位于室内机机身上部出风口附近

操作显示电路板位于室内机出风口下方

操作显示面板

控制电路板

电路部分位于室内机中间部位

电子空气过滤器

离心风扇组件

电子空气过滤器和离心风扇组件都位于室内机机身下方进气栅板内

图1-41 多联式室内机的种类

壁挂式室内机

柜式室内机

风管式室内机

嵌入式室内机

如图1-41所示，多联式中央空调的室内机种类多样。其中，风管式室内机的风道与室内机装饰结合，完全隐蔽，不占空间，而且安装便利，适合较大范围使用。嵌入式室内机通常安装在屋顶，安装隐蔽、不占空间，且有极佳的制冷（制热）效果，但对于层高要求较高。而壁挂式和柜式室内机则更多应用在小范围的家庭空间中，具备很好的控制功能和制冷效果，对层高没有要求。

1.5.2 多联式中央空调的工作原理

图1-42为多联式中央空调的制冷原理。

图1-42 多联式中央空调器的制冷原理

④ 低温低压液态的制冷剂经管路后,分别进入三条室内机的蒸发器管路中,在蒸发器中进行吸热汽化,使得蒸发器外表面及周围的空气被冷却,最后冷量再由室内机的贯流风扇从出风口吹出

⑤ 当蒸发器中的低温低压液态制冷剂经过热交换工作后,变为低温低压的汽态制冷剂,经制冷管路流向室外机,经分接头2后汇入室外机管路中,通过电磁四通阀B口进入,由C口送出,再经压缩机吸气孔返回压缩机中,再次进行压缩,如此周而复始,完成制冷循环

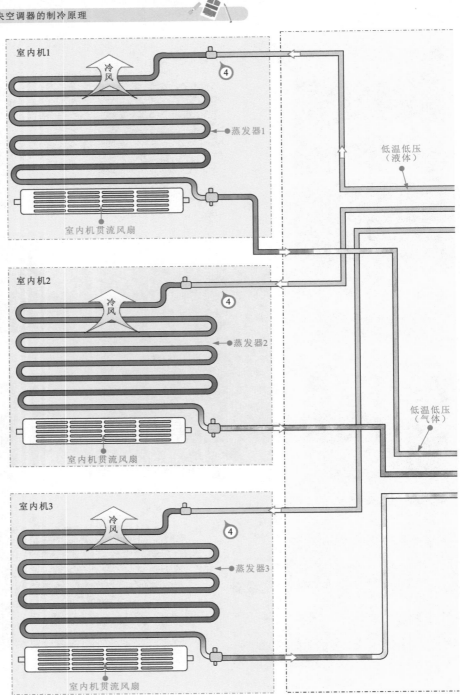

③ 低温高压液态的制冷剂经冷凝器送出后，经管路中的单向阀1后，经干燥过滤器1滤除制冷剂中多余的水分，再经毛细管进行节流降压，变为低温低压的制冷剂液体，再经分接接头1分别送入室内机的管路中

② 高温高压制冷剂气体进入冷凝器中，由轴流风扇对冷凝器进行降温处理，冷凝器管路中的制冷剂进行降温后送出低温高压液态的制冷剂

① 制冷剂在每台压缩机中被压缩，将原本低温低压的制冷剂气体压缩成高温高压的过热蒸汽后，由压缩机的排气管口排出。高温高压气态的制冷剂从压缩机排气管口排出后，通过电磁四通阀的A口进入。在制冷的工作状态下，电磁四通阀中的阀块在B口至C口处，所以高温高压制冷剂气体经电磁四通阀的D口送出，送入冷凝器中

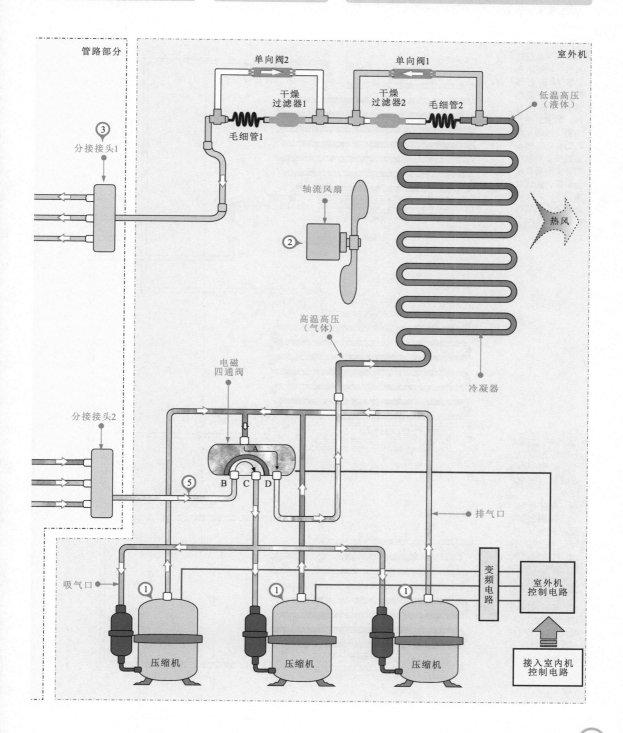

图1-43为多联式中央空调的制热原理。多联式中央空调的制热原理与制冷原理基本相同，不同的是通过电路系统控制电磁四通阀中的阀块进行换向，从而改变制冷剂的流向，实现制冷到制热功能的转换。

图1-43 多联式中央空调器的制热原理

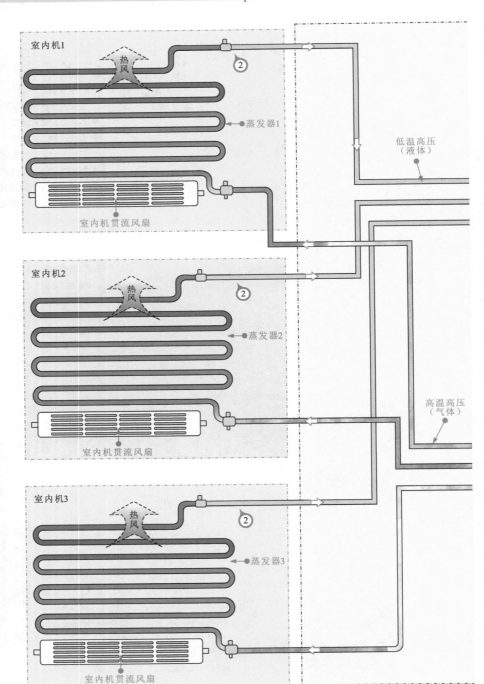

② 高温高压气态的制冷剂进入室内机蒸发器后，过热的蒸汽通过蒸发器散热，散出的热量由贯流风扇从出风口吹入室内，热交换后的制冷剂转变为低温高压液态，通过分接接头1汇合，送入室外机管路中

⑤ 由冷凝器送出的低温低压的气态制冷剂经电磁四通阀的D口流入。

在制热模式下，电磁四通阀受控制电路控制，目前处于D口与C口通路状态，因此气态制冷器由电磁四通阀的由C口送出，最后经压缩机吸气口返回压缩机中，进入下一次制热循环，实现制热功能

④ 低温低压的制冷剂液体在冷凝器中完成汽化过程，制冷剂液体向外界吸收大量的热，重新变为气态，并由轴流风扇将冷气由室外机吹出

③ 低温高压液态的制冷剂进入室外机管路后，经管路中的单向阀2、干燥过滤器2以及毛细管2对其进行节流降压后，将低温低压液态的制冷剂送入冷凝器中

① 制冷剂经压缩机处理后的变为高温高压的制冷剂气体，由压缩机的排气口排出。当设定多联式中央空调为制热模式时，电磁四通阀由电路控制内部的阀块由B口、C口移向C口、D口。此时高温高压气态的制冷剂经电磁四通阀的A口送入，再由B口送出，经分接接头2送入各室内机的蒸发器管路中

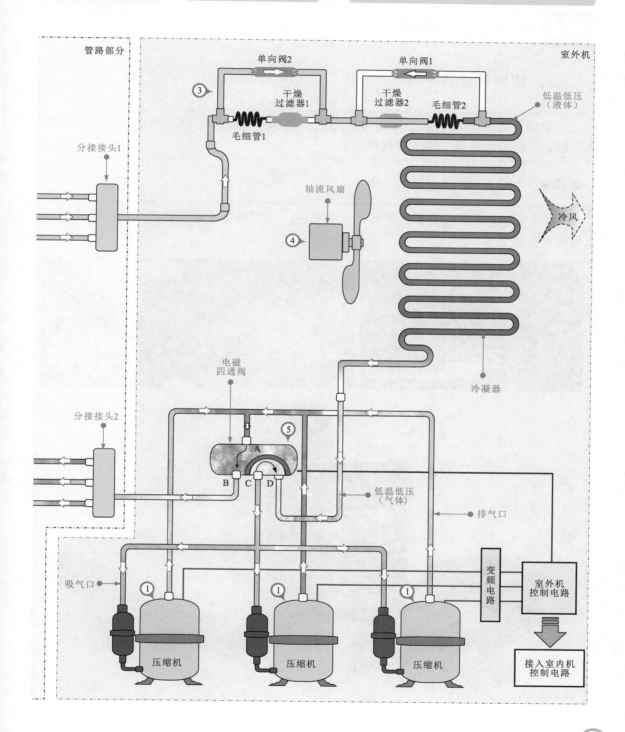

第2章
中央空调的安装维修基础

2.1 电焊设备的使用

2.1.1 电焊设备的特点

电焊设备主要用于水循环管路的焊接。是水冷式中央空调和风冷式水循环中央空调的管路安装连接中的主要焊接设备。

 图2-1　电焊设备的实物外形

图2-1为电焊设备的实物外形。一般来说，电焊设备主要包括电焊机、电焊钳、焊条和接地夹等。

中央空调管道框架焊接

中央空调管路焊接

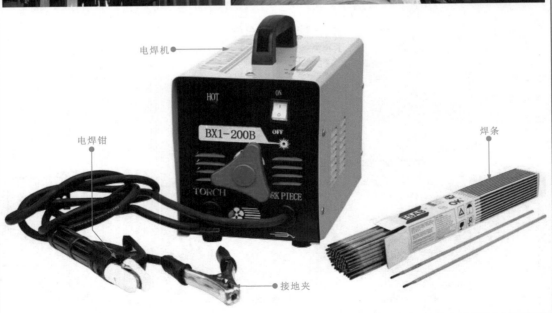

电焊机

电焊钳

焊条

接地夹

❶ 电焊机

图2-2 电焊机的特点

　　如图2-2所示，电焊机根据输出电压的不同，可以分为直流电焊机和交流电焊机。交流电焊机的电源是一种特殊的降压变压器，它具有结构简单、噪声小、价格便宜、使用可靠、维护方便等优点；直流电焊机电源输出端有正、负极之分，焊接时电弧两端极性不变。

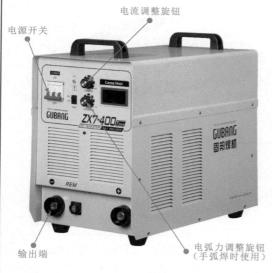

直流电焊机

交流电焊机

图2-3 交直流两用电焊机

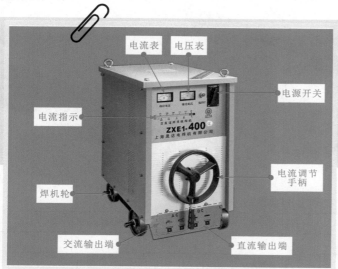

　　如图2-3所示，随着技术的发展，有些电焊机将直流和交流集合于一体，既可以当作直流电焊机使用也可以当作交流电焊机使用。

　　通常该类电焊机的功能旋钮相对较多，根据不同的需求可以调节相应的功能。

❷ 电焊钳

如图2-4所示，电焊钳需要结合电焊机同时使用。电焊钳的外形像一个钳子，其手柄通常是采用塑料或陶瓷进行制作，具有防护、防电击保护、耐高温、耐焊接飞溅以及耐跌落等多重保护功能；其夹子是采用铸造铜制作而成，主要是用来夹持或是操纵电焊条。

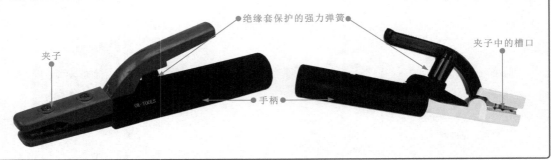

绝缘套保护的强力弹簧

夹子中的槽口

夹子

手柄

❸ 电焊条

如图2-5所示，电焊条主要是由焊芯和药皮两部分构成的，其头部为引弧端，尾部有一段无涂层的裸焊芯，便于电焊钳夹持和利于导电，焊芯可作为填充金属实现对焊缝的填充连接；药皮具有助焊、保护、改善焊接工艺的作用。

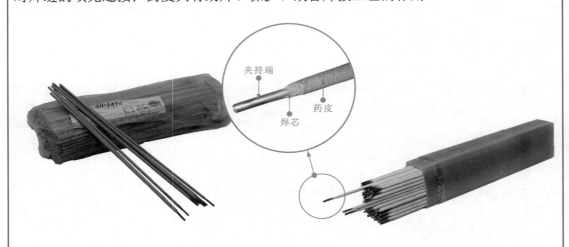

夹持端

药皮

焊芯

选用电焊条时，需要根据焊件的厚度连选择适合大小的电焊条

焊件厚度/mm	2	3	4～5	6～12	>12
电焊条直径/mm	2	3.2	3.2～4	4～5	5～6

2.1.2 电焊设备的使用

在进行电焊操作时，一定要先对电焊设备进行检查，并确保焊接环境负荷要求后方可进行电焊操作。电焊操作期间需穿戴电焊防护用具。

❶ 电焊设备的连接

 图2-6 电焊设备的连接

如图2-6所示，将电焊钳通过连接线与电焊机上电焊钳连接端口进行连接（通常带有标识），接地夹通过连接线与电焊机上的接地夹连接端口进行连接；电焊时将接地夹夹在水循环制冷管路上；然后用电焊钳夹持焊条即可进行电焊操作。

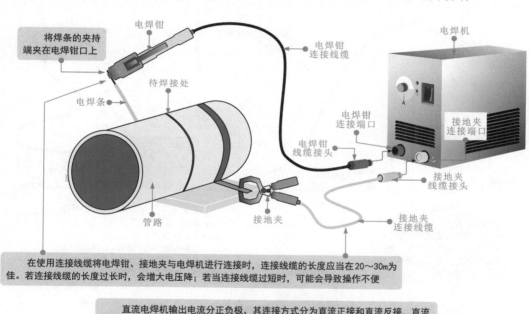

在使用连接线缆将电焊钳、接地夹与电焊机进行连接时，连接线缆的长度应当在20～30m为佳。若连接线缆的长度过长时，会增大电压降；若当连接线缆过短时，可能会导致操作不便

直流电焊机输出电流分正负极，其连接方式分为直流正接和直流反接，直流正接是将焊件接到电源正极，焊条接到负极；直流反接则相反。直流正接适合焊接厚焊件，直流反接适合焊接薄焊件。交流电焊机输出无极性之分，可随意搭接

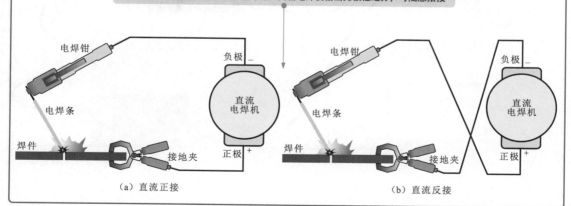

（a）直流正接　　　　　　　　（b）直流反接

❷ 电焊设备的供电与接地

图2-7 电焊设备的供电与接地连接

图2-7为电焊设备的供电与接地连接方法。

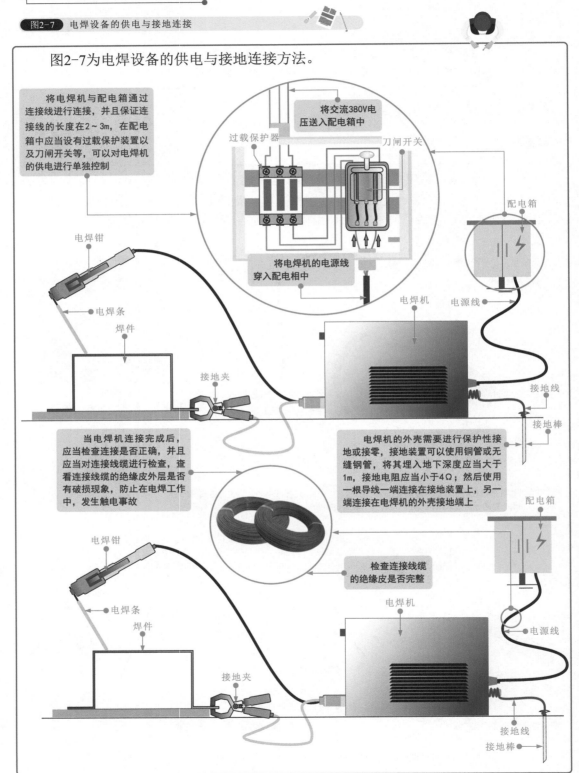

将电焊机与配电箱通过连接线进行连接，并且保证连接线的长度在2～3m，在配电箱中应当设有过载保护装置以及刀闸开关等，可以对电焊机的供电进行单独控制

将交流380V电压送入配电箱中

过载保护器

刀闸开关

配电箱

将电焊机的电源线穿入配电相中

电焊钳

电源线

电焊机

电焊条

焊件

接地夹

接地线

接地棒

当电焊机连接完成后，应当检查连接是否正确，并且应当对连接线缆进行检查，查看连接线缆的绝缘皮外层是否有破损现象，防止在电焊工作中，发生触电事故

电焊机的外壳需要进行保护性接地或接零，接地装置可以使用铜管或无缝钢管，将其埋入地下深度应当大于1m，接地电阻应当小于4Ω；然后使用一根导线一端连接在接地装置上，另一端连接在电焊机的外壳接地端上

配电箱

检查连接线缆的绝缘皮是否完整

电焊钳

电源线

电焊条

电焊机

焊件

接地夹

接地线

接地棒

图2-8 电焊的引弧方法

如图2-8所示,在电焊中,包括两种引弧方式,即划擦法和敲击法。

焊条在与焊件接触后提升速度要适当,太快难以引弧,太慢焊条和焊件容易粘在一起(电磁力),这时,可横向左右摆动焊条,便可使焊条脱离焊件。引弧操作比较困难,焊接之前,可反复多练习几次。

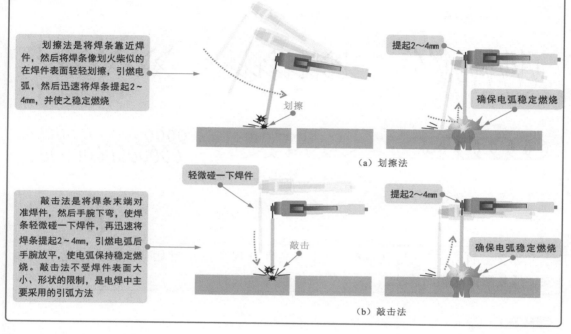

划擦法是将焊条靠近焊件,然后将焊条像划火柴似的在焊件表面轻轻划擦,引燃电弧,然后迅速将焊条提起2~4mm,并使之稳定燃烧

提起2~4mm

确保电弧稳定燃烧

划擦

(a)划擦法

敲击法是将焊条末端对准焊件,然后手腕下弯,使焊条轻微碰一下焊件,再迅速将焊条提起2~4mm,引燃电弧后手腕放平,使电弧保持稳定燃烧。敲击法不受焊件表面大小、形状的限制,是电焊中主要采用的引弧方法

轻微碰一下焊件

提起2~4mm

敲击

确保电弧稳定燃烧

(b)敲击法

图2-9 电焊的运条方法

如图2-9所示,由于焊接起点处温度较低,引弧后可先将电弧稍微拉长,对起点处预热,然后再适当缩短电弧进行正式焊接。在焊接时,需要匀速推动电焊条,使焊件的焊接部位与电焊条充分熔化、混合,形成牢固的焊缝。

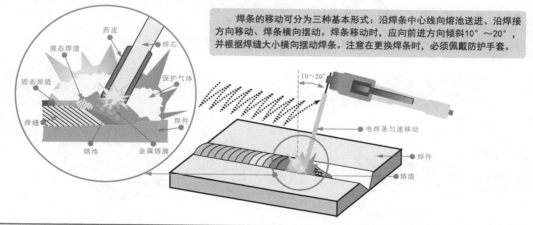

焊条的移动可分为三种基本形式:沿焊条中心线向熔池送进、沿焊接方向移动、焊条横向摆动。焊条移动时,应向前进方向倾斜10°~20°,并根据焊缝大小横向摆动焊条。注意在更换焊条时,必须佩戴防护手套。

如图2-10所示，在对较厚的焊件进行焊接时，为了获得较宽的焊缝，焊条应沿焊缝横向做规律摆动。根据焊接要求的不同，运条的方式也有所区别。

图2-10 电焊的运条方式

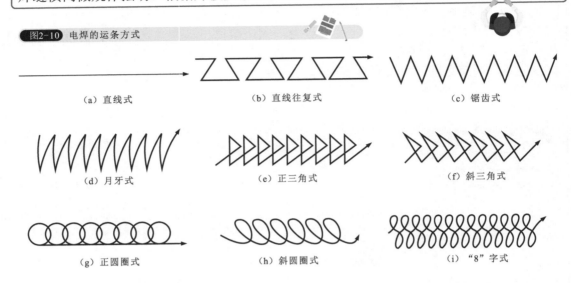

（a）直线式　　　　（b）直线往复式　　　　（c）锯齿式

（d）月牙式　　　　（e）正三角式　　　　（f）斜三角式

（g）正圆圈式　　　　（h）斜圆圈式　　　　（i）"8"字式

　　如图2-11所示，焊接的灭弧就是一条焊缝焊接结束时如何收弧，通常有画圈法、反复断弧法和回焊法。

图2-11 电焊的灭弧操作

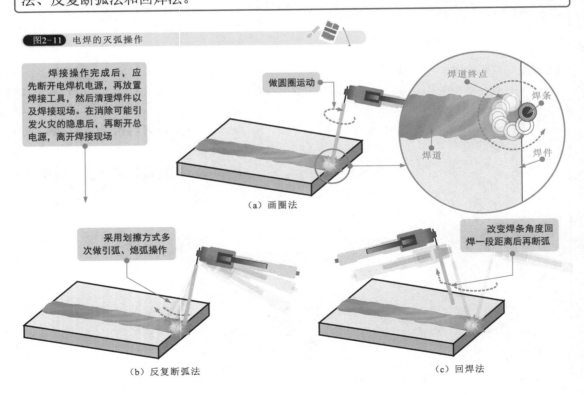

焊接操作完成后，应先断开电焊机电源，再放置焊接工具，然后清理焊件以及焊接现场。在消除可能引发火灾的隐患后，再断开总电源，离开焊接现场

做圆圈运动

焊道终点

焊条

焊道　　焊件

（a）画圈法

采用划擦方式多次做引弧、熄弧操作

改变焊条角度回焊一段距离后再断弧

（b）反复断弧法　　　　（c）回焊法

2.2 气焊设备的使用

2.2.1 气焊设备的特点

气焊设备是中央空调制冷管路焊接连接的专用设备。它是利用可燃气体与助燃气体混合燃烧生成的火焰作为热源，通过熔化焊条，将金属管路焊接在一起。

图2-12 气焊设备的实物外形

图2-12为气焊设备的实物外形。一般来说，气焊设备主要包括氧气瓶、燃气瓶、焊枪和连接软管等。

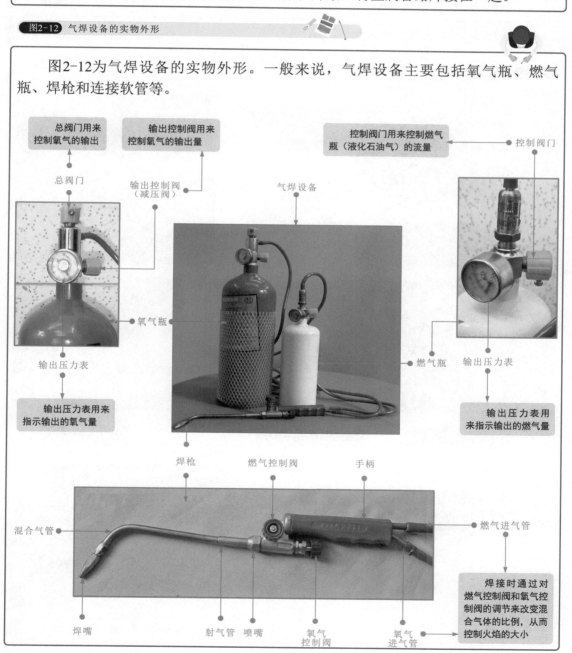

总阀门用来控制氧气的输出

输出控制阀用来控制氧气的输出量

控制阀门用来控制燃气瓶（液化石油气）的流量

控制阀门

总阀门

输出控制阀（减压阀）

气焊设备

氧气瓶

输出压力表

输出压力表用来指示输出的氧气量

燃气瓶

输出压力表

输出压力表用来指示输出的燃气量

混合气管

焊枪

燃气控制阀

手柄

燃气进气管

焊嘴

射气管

喷嘴

氧气控制阀

氧气进气管

焊接时通过对燃气控制阀和氧气控制阀的调节来改变混合气体的比例，从而控制火焰的大小

2.2.2 气焊设备的使用方法

气焊设备的操作有着严格的规范和操作顺序要求。一般气焊连接可分为点火、焊接和关火三个阶段。

❶ 气焊设备的点火操作

图2-13为气焊设备的点火操作演示。

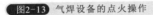
图2-13 气焊设备的点火操作

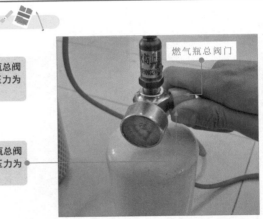

① 打开氧气瓶总阀门，调节输出压力为0.3～0.5MPa

氧气瓶总阀门

燃气瓶总阀门

② 打开燃气瓶总阀门，调节输出压力为0.03～0.05MPa

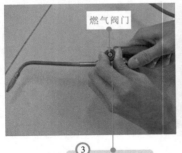
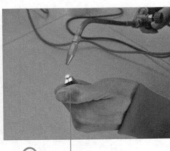

燃气阀门

氧气阀门

③ 打开燃气阀门

④ 使用明火点燃焊枪嘴

⑤ 打开氧气阀门

⑥ 将焊枪的火焰调整到中性焰。中性焰的火焰不要离开焊枪嘴，也不要出现回火现象

中性焰焰长20～30cm，外焰呈橘红色，内焰呈蓝紫色，焰芯呈白亮色，内焰温度最高，焊接时应将管路置于内焰附近

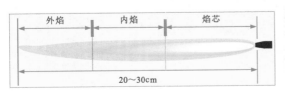

外焰　内焰　焰芯

20～30cm

中性焰

调节氧气控制旋钮和燃气控制旋钮

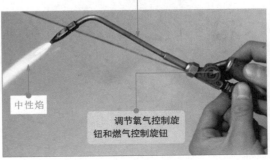

② 气焊设备的焊接操作

图2-14为气焊设备的焊接操作演示。

图2-14　气焊设备的焊接操作

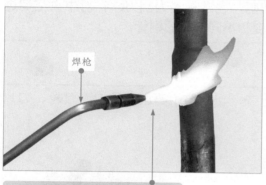

焊枪

将焊枪对准管路的焊口均匀加热时，需将管路加热到一定程度，呈暗红色

对接的金属管路

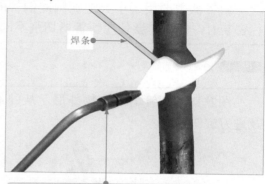

焊条

将焊条放到焊口处，待焊条熔化并均匀地包围在两根管路的焊接处时即可将焊条取下

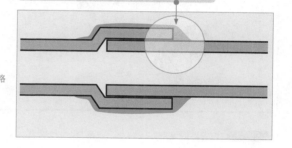

③ 气焊设备的关火操作

图2-15为气焊设备的关火操作演示。

图2-15　气焊设备的关火操作

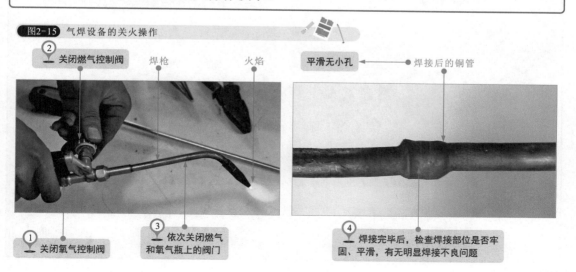

② 关闭燃气控制阀　焊枪　火焰

平滑无小孔　焊接后的铜管

① 关闭氧气控制阀

③ 依次关闭燃气和氧气瓶上的阀门

④ 焊接完毕后，检查焊接部位是否牢固、平滑，有无明显焊接不良问题

2.3 管路加工工具的使用

2.3.1 切管器的使用

切管器主要用于中央空调制冷铜管的切割，也常称其为割刀。在对中央空调进行安装时，经常需要使用切管器切割不同长度和不同直径的铜管。

图2-16 切管器的实物外形

图2-16为切管器的实物外形。从外形上开，切管器主要由刮管刀、滚轮、刀片及进刀旋钮组成。

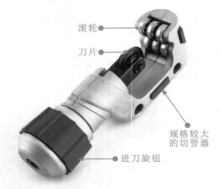
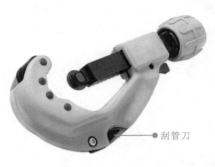

滚轮
刀片
规格较大的切管器
进刀旋钮
刮管刀

图2-17 切管器的使用方法

图2-17为切管器的使用方法。

① 手捏住铜管转动切管器，使其绕铜管顺时针方向旋转

在切管过程中应始终保持滚轮与刀片垂直压向管子，决不能侧向扭动；同时要防止进刀过快、过深，以免崩裂刀刃或造成铜管变形

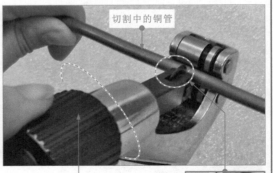

切割中的铜管

进刀与切割同时进行，以保证铜管在切管器刀片和滚轮间始终受力均匀

② 一边旋转切管器，同时缓慢调节切管器末端的进刀旋钮直至铜管被切断

2.3.2 扩管工具的使用

扩管工具主要用于对中央空调制冷铜管进行扩口操作。主要包括扩管器、顶压支头和夹板。

 图2-18 扩管工具的实物外形

图2-18为扩管工具的实物外形。

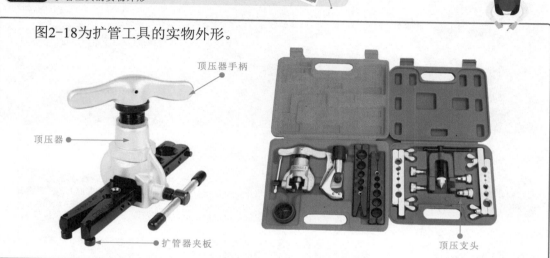

顶压器手柄
顶压器
扩管器夹板
顶压支头

图2-19 扩管工具使用前的准备

如图2-19所示，为适应不同管径的扩口需要，扩管工具有多种规格的顶压支头，在进行扩管操作之前，需要先根据待扩铜管的管径选择相应规格尺寸的顶压支头。

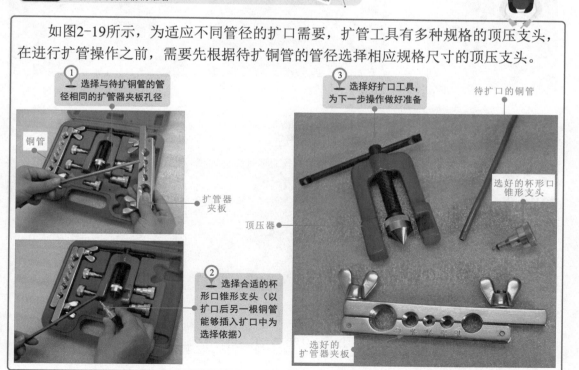

① 选择与待扩铜管的管径相同的扩管器夹板孔径

铜管
扩管器夹板

② 选择合适的杯形口锥形支头（以扩口后另一根铜管能够插入扩口中为选择依据）

③ 选择好扩口工具，为下一步操作做好准备

待扩口的铜管
选好的杯形口锥形支头
顶压器
选好的扩管器夹板

图2-20为使用扩管工具扩杯形口的操作演示。

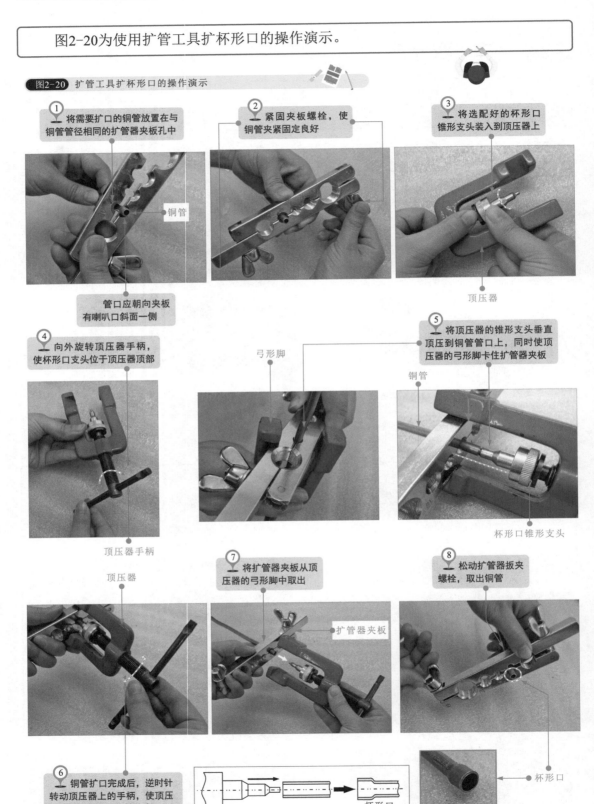

图2-20 扩管工具扩杯形口的操作演示

① 将需要扩口的铜管放置在与铜管管径相同的扩管器夹板孔中

铜管

管口应朝向夹板有喇叭口斜面一侧

② 紧固夹板螺栓，使铜管夹紧固定良好

③ 将选配好的杯形口锥形支头装入到顶压器上

顶压器

④ 向外旋转顶压器手柄，使杯形口支头位于顶压器顶部

顶压器手柄

顶压器

⑤ 将顶压器的锥形支头垂直顶压到铜管管口上，同时使顶压器的弓形脚卡住扩管器夹板

弓形脚

铜管

杯形口锥形支头

⑥ 铜管扩口完成后，逆时针转动顶压器上的手柄，使顶压器的锥形支头与铜管分离

⑦ 将扩管器夹板从顶压器的弓形脚中取出

扩管器夹板

⑧ 松动扩管器扳夹螺栓，取出铜管

杯形口

杯形口

图2-21 扩管工具扩喇叭口的操作演示

图2-21为使用扩管工具扩喇叭口的操作演示。

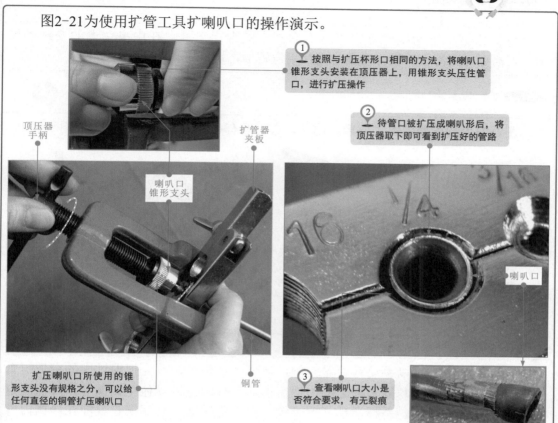

① 按照与扩压杯形口相同的方法，将喇叭口锥形支头安装在顶压器上，用锥形支头压住管口，进行扩压操作

② 待管口被扩压成喇叭形后，将顶压器取下即可看到扩压好的管路

顶压器手柄

扩管器夹板

喇叭口锥形支头

喇叭口

铜管

扩压喇叭口所使用的锥形支头没有规格之分，可以给任何直径的铜管扩压喇叭口

③ 查看喇叭口大小是否符合要求，有无裂痕

图2-22 错误使用扩管工具的失败案例

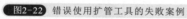

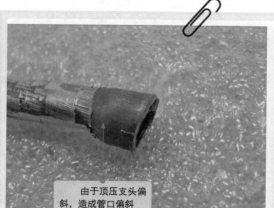

由于顶压支头偏斜，造成管口偏斜

由于施力过大或顶压支头尺寸与管口不匹配，造成管口出现开裂的现象

如图2-22所示，使用扩口工具进行扩口操作时一定要严格按照操作规程执行，特别是在扩口操作过程中要始终保持顶压支头与管口垂直，且施力大小适中，否则极易造成管口开裂、歪斜等情况。一旦出现扩口不符合标准需要将不合格部分切除后再重新扩口。否则将影响空调制冷（制热）效果。

2.3.3 弯管器的使用

弯管器是用于对制冷管路进行弯曲加工的专用工具。在中央空调的安装维修中，若需要对制冷管路进行弯曲时需使用弯管器，切不可徒手掰折。

图2-23 弯管器的实物外形

图2-23为弯管器的实物外形。通常，弯管器有手动弯管器和电动弯管器两种。

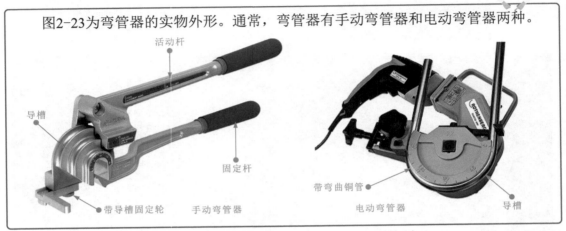

如图2-24所示，以手动弯管器为例，在弯管操作时，首先把退过火的空调铜管放入带导槽的固定轮与固定杆之间，然后用活动杆的导槽导住空调铜管，确保固定杆紧固住空调铜管后，手握活动杆顺时针方向平稳转动。空调铜管就能在导槽内弯曲成特定的形状。需要注意的是，操作时用力要均匀，避免出现死弯或裂痕。

图2-24 弯管器的使用方法

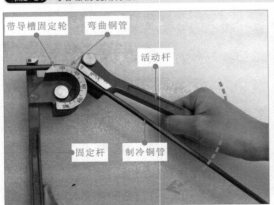 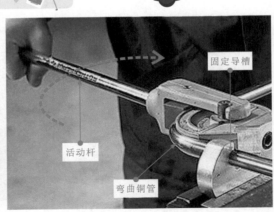

一般来说，弯管的弯曲半径应大于其直径的3.5倍，铜管弯曲变形后的短径与原直径之比应大于2/3。弯管后，铜管内侧不能起皱或变形。另外，管道的焊接接口不应放在弯曲部位，接口焊缝距管道或管件弯曲部位的距离应不小于100mm。

2.4 管路检修设备的使用

2.4.1 管路检修设备的特点

管路检修设备是指在对中央空调器制冷管路进行检修时所用到的检修设备及检测显示仪表。它主要包括压力表阀、制冷剂钢瓶、真空泵等。

❶ 压力表阀

图2-25 压力表阀的实物外形

图2-25为压力表阀的实物外形。压力表阀是中央空调管路安装、检修中的重要工具之一，主要有三通压力表阀和五通压力表阀。

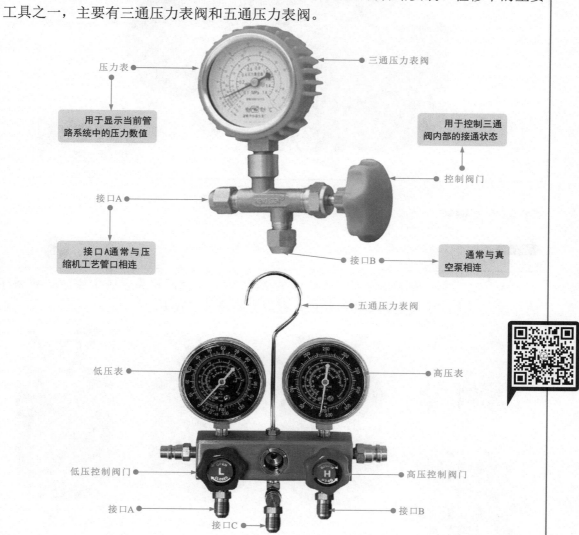

② 真空泵

图2-26 真空泵的实物外形

图2-26为真空泵的实物外形。真空泵是对中央空调制冷剂管路进行抽真空操作的重要设备。中央空调制冷管路在安装或检修完毕都要进行抽真空操作。

加油塞 / 表阀 / 捕集器 / 电容盒 / 电动机 / 油箱 / 止回阀 / 油窗

为防止真空泵中的机油回流，最好选择装有止回阀的真空泵

③ 制冷剂钢瓶

图2-27 制冷剂钢瓶的实物外形

图2-27为制冷剂钢瓶的实物外形。制冷剂是中央空调管路系统中完成制冷循环的介质，在充入中央空调管路系统前，存放于制冷剂钢瓶中。

阀门

用于控制制冷剂的释放和关闭

充注制冷剂时，制冷剂的流量大小主要通过制冷剂钢瓶上的控制阀门进行控制，在不进行充注制冷剂时，一定要将阀门拧紧，以免制冷剂泄漏污染环境

R22 制冷剂钢瓶　　R407C 制冷剂钢瓶　　R410A 制冷剂钢瓶

2.4.2 管路检修设备的使用方法

在中央空调的安装与维修过程中，管路检修设备往往需要配合使用来完成充注制冷剂、抽真空、充氮、检漏等操作。

❶ 压力表阀与氮气钢瓶配合使用

如图2-28所示，氮气钢瓶是盛放氮气的高压钢瓶。在对中央空调的制冷管路进行检修时，常常会使用氮气对管路进行清洁、试压和检漏等操作。将压力表阀配合调压装置组成减压器安装在氮气钢瓶上，可根据需要调节氮气输出压力。

图2-28 压力表阀与氮气钢瓶配合使用

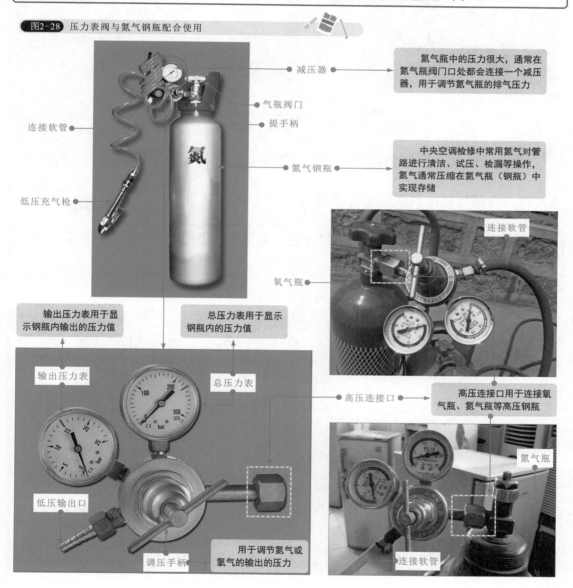

❷ 压力表阀与真空泵配合使用

如图2-29所示，在进行抽真空操作时，需要压力表阀与真空泵配合使用，从而实时显示制冷管路抽真空的状态。

图2-29 压力表阀与真空泵配合使用

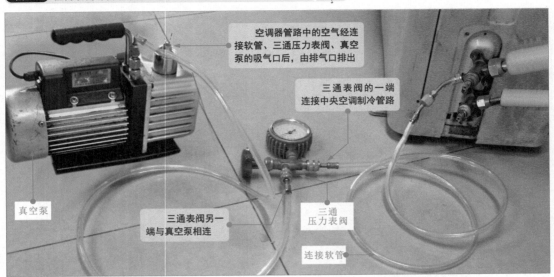

空调器管路中的空气经连接软管、三通压力表阀、真空泵的吸气口后，由排气口排出

三通表阀的一端连接中央空调制冷管路

真空泵

三通表阀另一端与真空泵相连

三通压力表阀

连接软管

❸ 压力表阀与制冷剂钢瓶配合使用

如图2-30所示，在充注制冷剂操作时，需要压力表阀与制冷剂钢瓶配合使用，从而准确控制制冷剂的充注量。

图2-30 压力表阀与制冷剂钢瓶配合使用

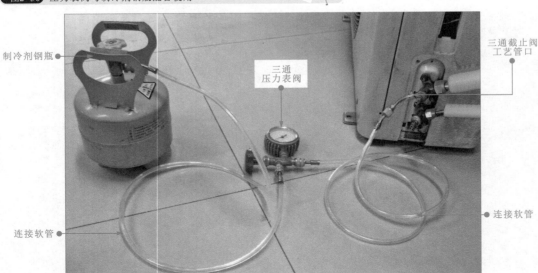

制冷剂钢瓶

三通压力表阀

三通截止阀工艺管口

连接软管

连接软管

2.5 电路检修仪表的使用

2.5.1 万用表的使用

万用表是检测中央空调电气系统的主要仪表。电路是否存在断路或短路故障，电路中的元器件性能是否良好，供电条件是否满足等，都可以通过万用表来进行检测判断。

图2-31 万用表的功能特点与使用方法

图2-31为万用表的功能特点与使用方法。中央空调电路检修中的万用表主要有指针式万用表和数字式万用表两种。

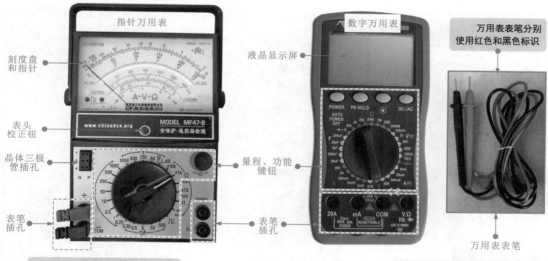

指针万用表

刻度盘和指针

表头校正钮

晶体三极管插孔

表笔插孔

数字万用表

液晶显示屏

量程、功能键钮

表笔插孔

万用表表笔分别使用红色和黑色标识

万用表表笔

使用指针万用表检测电路元件

易于展现测量的变化过程

使用数字万用表检测变频模块

测量结果直观、准确

2.5.2　钳形表的使用

图2-32为钳形表的功能特点与使用方法。钳形表也是检修中央空调电气系统时的常用仪表，钳形表特殊的钳口的设计，可在不断开电路的情况下，方便地检测电路中的交流电流，如中央空调整机的启动电流和运行电流，以及压缩机的启动电流和运行电流等。

图2-32　钳形表的功能特点与使用方法

表笔：表笔分别使用红色和黑色标识，一般称为红表笔和黑表笔，用于待测点与钳形表之间的连接

钳头和钳头扳机：用于控制钳头部分的开启和闭合，当钳头闭合时可以进行电磁感应，主要用于电流的检测

锁定开关：用于锁定显示屏上显示的数据，方便在空间较小或黑暗的地方锁定检测数值，便于识读；若需要继续进行检测，则再次按下锁定开关解除锁定功能

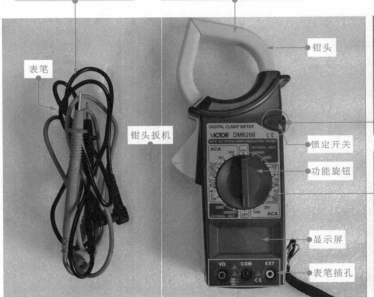

钳头

表笔

钳头扳机

锁定开关

功能旋钮

显示屏

表笔插孔

锁定开关

当需要检测的数据不同时，只需要将功能旋钮旋转至对应的挡位即可

功能旋钮

单根电源线

使用钳形表检测中央空调的运行电流

电流值

2.5.3 兆欧表的使用

图2-33为兆欧表的功能特点与使用方法。兆欧表在中央空调检修过程中主要用于对绝缘性能要求较高的部件或设备进行检测，用以判断被测部件或设备中是否存在短路或漏电情况等。

图2-33 兆欧表的功能特点与使用方法

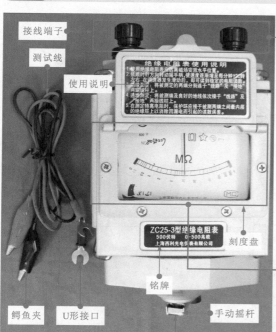

接线端子
测试线
使用说明

鳄鱼夹　U形接口
铭牌
手动摇杆

L线路检测端子
E接地检测端子
保护环（G）
保护环

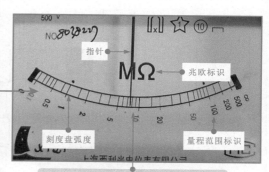

指针
兆欧标识
MΩ
刻度盘弧度
量程范围标识

ZC25-3型绝缘电阻表
500伏特　0-500兆欧
上海西利光电仪表有限公司

刻度盘

手动摇杆： 手动摇杆与内部的发电机相连，当顺时针摇动摇杆时，兆欧表中的小型发电机开始发电，为检测电路提供高压

刻度盘： 兆欧表会以指针指示的方式指示出测量结果，测量者根据指针在刻度线上的指示位置即可读出当前测量的具体数值

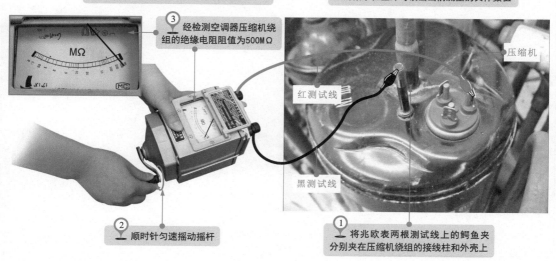

③ 经检测空调器压缩机绕组的绝缘电阻阻值为500MΩ

压缩机
红测试线
黑测试线

② 顺时针匀速摇动摇杆

① 将兆欧表两根测试线上的鳄鱼夹分别夹在压缩机绕组的接线柱和外壳上

第3章
风冷式中央空调的安装技能

3.1 风冷式中央空调安装连接的特点

3.1.1 风冷式风循环中央空调安装连接的特点

图3-1 风冷式风循环中央空调的安装连接关系示意图

图3-1为风冷式风循环中央空调的安装连接关系示意图。风冷式风循环中央空调是由室外机、风管道及室内末端设备（风管机）等按照一定连接要求连接而成。

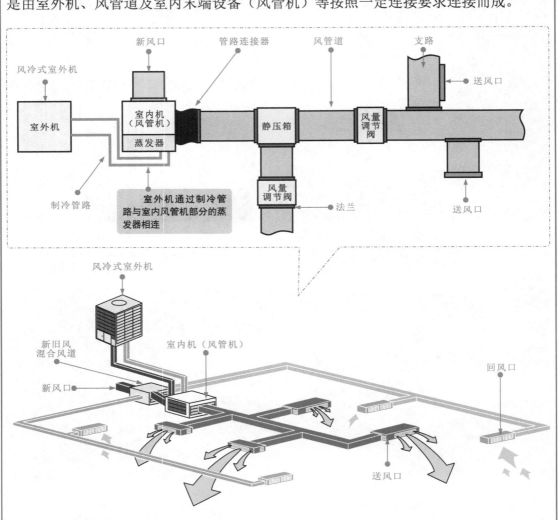

3.1.2 风冷式水循环中央空调安装连接的特点

图3-2 风冷式水循环中央空调的安装连接关系示意图

图3-2为风冷式水循环中央空调的安装连接关系示意图。风冷式水循环中央空调由室外机、水管道、风机盘管以及闸阀、仪表等设备按照规范要求安装连接而成。

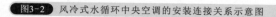

室内末端设备
（风机盘管）

膨胀水箱

风冷式室外机

水管道

同程式

回水口

截止阀　压力表　水流开关

Y形过滤器

止回阀

旁通调节阀　排水阀

出水口

过滤器

风冷式水循环中央空调室外机管路与水管道连接；水管道连接有配合使用的各种闸阀组件，按照规定的顺序和要求设置连接

风冷式水循环中央空调水管道另一端连接至室内机末端设备（风机盘管）中，按照连接规范与风机判断管路连接，从而构成完成的水循环回路

膨胀水箱

室内部分

回风　室内末端设备（风机盘管）

送风

连接软管

回水口　出水口

冷冻水泵

回风　室内末端设备（风机盘管）

送风

管路截止阀　压力表
水流开关
Y形过滤器

止回阀

旁通　排水阀
调节阀

过滤器

3.2 风冷式中央空调室外机的安装

3.2.1 风冷式中央空调室外机的安装规定

　　如图3-3所示，室外机在安装之前要对机器进行仔细核查、验收。首先，检查机器表面是否有损伤，然后，核查机器的型号、规格是否与设计规划中的设备型号、规格参数相对应。以风冷式中央空调为例，检查无误后，再进一步按照操作说明书（安装手册）清点附件。

图3-3 安装操作前核查、验收室外机组

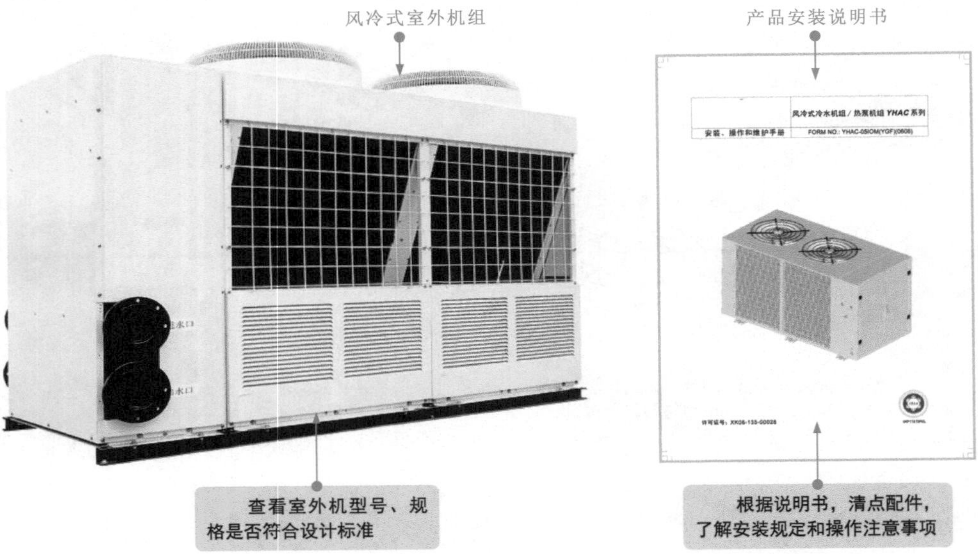

风冷式室外机组

查看室外机型号、规格是否符合设计标准

产品安装说明书

根据说明书，清点配件，了解安装规定和操作注意事项

　　在实施风冷式中央空调室外机安装作业之前，要根据规定选择合适的安装位置。安装位置的选择在整个中央空调器系统的安装过程中十分关键，安装位置是否合理将直接影响整个系统的工作效果。

　　选择安装位置时尽可能选择离室内机较近、通风良好且干燥的地方，注意避开阳光长时间直射、高温热源直接辐射或环境脏污恶劣的区域。同时也要注意室外机的噪声及排风不要影响周围居民的生活及通风。

❶ 室外机安装底座的要求

　　通常，风冷式中央空调室外机应安装在坚实、水平的水泥（混凝土）基座上。最好用水泥（混凝土）制作距地面至少10cm厚的基础。若室外机需要安装在道路两侧，其底部距离地面的高度至少不低于1m。

　　中央空调室外机一般用φ10的膨胀螺栓紧固在室外机安装基础（或支架）上，为减小机器振动，在室外机与基础之间应按设计规定安装隔振器或减振橡胶垫。

图3-4为风冷式中央空调室外机底座的安装要求。

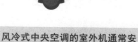

图3-4 风冷式中央空调室外机底座的安装要求

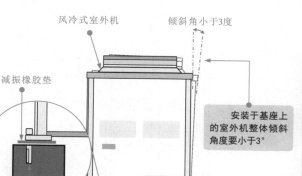

风冷室外机

倾斜角小于3度

减振橡胶垫

安装于基座上
的室外机整体倾斜
角度要小于3°

φ10膨胀螺栓

至少10cm

水泥(混凝土)基座　　　坚实水平的地面

风冷式中央空调的室外机通常安
装在建筑物楼顶、侧面平台或街道旁

位于楼顶
的室外机　　　　水泥(混凝土)基座

考虑到中央空调室外机噪声的影响，中央空调室外机的排风口不得朝向相邻方的门窗，其安装位置距相邻门窗的距离随中央空调室外机制冷额定功率的不同而不同。具体见表3-1所列。

表3-1 中央空调室外机排风口距相邻方门窗的距离与室外机制冷额定功率的关系

中央空调室外机制冷额定功率	室外机排风口距相邻方门窗的距离
制冷额定功率≤2kW	至少相距3m
2kW＜制冷额定功率≤5kW	至少相距4m
5kW＜制冷额定功率≤10kW	至少相距5m
10kW＜制冷额定功率≤30kW	至少相距6m

室外机除安装减振橡胶垫外，如果有特殊需要，还需加装压缩机消音罩，以降低室外机噪音。同时，要确认在室外机的排风口处不要有任何障碍物。若室外机安装位置位于室内机的上部，其（气管）最大高度差不应超过21m。

若室外机比室内机高出1.2m时，气管要设一只集油弯头，以后每隔6m要设一只集油弯头。

若室外机安装位置位于室内机下部，其（液管）最大高度差不应超过15m，气管在靠近室内机处设置回转环。

❷ 室外机进风口、出风口位置的要求

在安装高度上，为确保工作良好，中央空调室外机的进风口至少要高于周围障碍物80cm。

图3-5 室外机进风口、出风口位置的要求

图3-5为风冷式中央空调室外机进风口、出风口位置的要求。

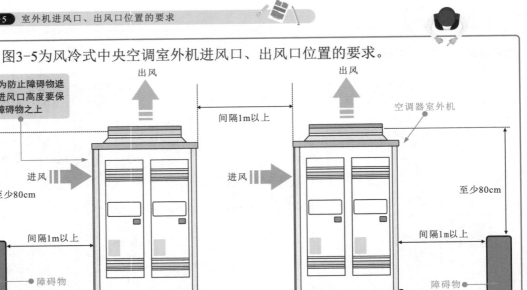

为防止障碍物遮挡，进风口高度要保持在障碍物之上

出风

出风

间隔1m以上

空调器室外机

进风

进风

至少80cm

至少80cm

间隔1m以上

间隔1m以上

障碍物

障碍物

排水沟

排水沟

障碍物　室外机组

若水泥很高，可不设置排水沟；若不间断设置水泥基础，可在机身下方开凿出排水沟

室外机组

连接管路

室外机组

排水沟 水泥基座

图3-6 风冷式室外机维修空间和排水沟设置要求

室外机组

排水沟

　　如图3-6所示，中央空调室外机在安装时要确保室外机维修空间，另外，应根据实际安装情况和环境限制，在室外机基座的周围设置排水沟，以排除设备周围的积水。

图3-7 室外机加装导风罩要求

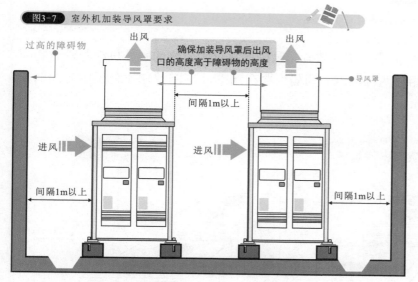

过高的障碍物

出风 出风

确保加装导风罩后出风口的高度高于障碍物的高度

导风罩

间隔1m以上

进风 进风

间隔1m以上 间隔1m以上

如图3-7所示，若受环境所限，室外机周围有障碍物且室外机很难按照设计要求达到规定高度时，为防止室外热空气串气，影响散热效果。可在室外机散热出风罩上加装导风罩以利于散热。

❸ 多台室外机的安装规定

　　如果需要安装多台室外机组，除考虑维修空间外，每台室外机组之间也要保留一定的间隙，以确保机组能够良好工作。

图3-8 室外机组单排安装的位置要求

　　如图3-8所示，多台机组单排安装时，应确保室外机组与障碍物之间的间隔距离在1m以上，每台室外机组之间的间隙要保持在20～50cm。

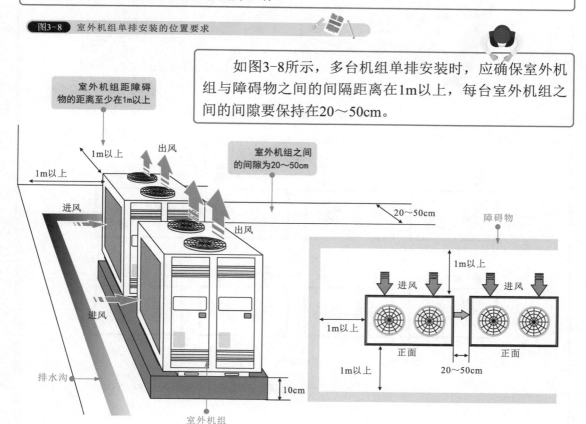

室外机组距障碍物的距离至少在1m以上

1m以上

1m以上

出风

室外机组之间的间隙为20～50cm

进风

出风

20～50cm

障碍物

进风

1m以上

进风 进风

1m以上

正面 正面

1m以上

20～50cm

排水沟

10cm

室外机组

图3-9 室外机组多排安装的位置要求

如图3-9所示，多台机组多排安装时，除确保靠近障碍物的室外机组与障碍物间隔距离在1m以上外，相邻两排机组的间隔也要在1m以上，单排中室外机组之间的安装间隔要保持20～50cm。

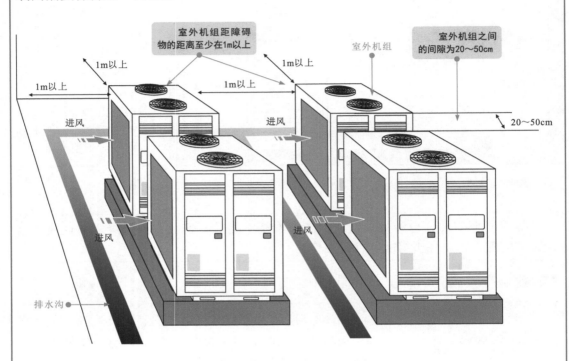

（a）多台室外机多排安装立体效果图

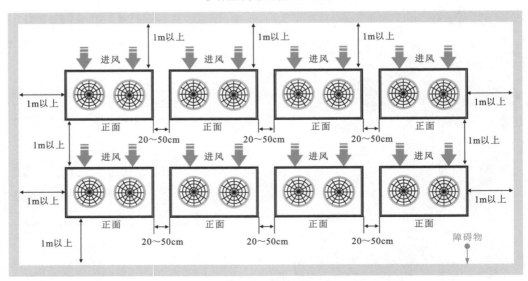

（b）多台室外机多排安装平面效果图

3.2.2 风冷式中央空调室外机的安装方法

风冷式中央空调室外机的体积、重量都较大，安装时，一般借助适当吨数的叉车或吊车进行搬运和吊装。

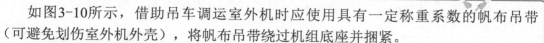

图3-10 风冷式中央空调室外机的吊装方法

如图3-10所示，借助吊车调运室外机时应使用具有一定称重系数的帆布吊带（可避免划伤室外机外壳），将帆布吊带绕过机组底座并捆紧。

室外机吊装时，安装人员应避免处于室外机下方，室外机到达指定位置后，安装人员应保持室外机平稳落地

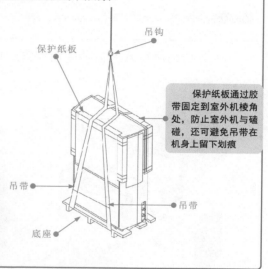

吊钩

保护纸板

保护纸板通过胶带固定到室外机棱角处，防止室外机与磕碰，还可避免吊带在机身上留下划痕

吊带

吊带

底座

图3-11 风冷式中央空调室外机的安装效果

按安装要求摆放的室外机组

水泥基座

如图3-11所示，风冷式中央空调的室外机组吊装到位后，将其放置到预先浇注好的水泥基座上，机身四角通过螺栓固定到水泥基座上，然后对螺栓进行水泥浇注，完成室外机的安装。

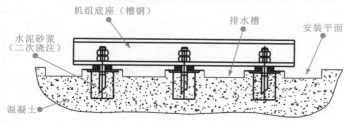

机组底座（槽钢）

排水槽

安装平面

水泥砂浆（二次浇注）

混凝土

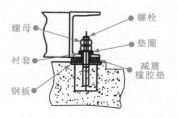

螺栓

螺母

垫圈

衬套

减震橡胶垫

钢板

3.3 风冷式中央空调连接管道的安装

3.3.1 风道的安装连接方法

风冷式风循环中央空调室外机与室内末端设备通过风道连接，由风道输送冷热风实现制冷或制热功能。实施风道安装操作之前应先了解风冷式中央空调室外机、连接管道、风道设备之间的连接关系与布局，根据需要准备好所需的安装工具、相关连接部件及材料。

图3-12 风冷式风循环中央空调的风道安装示意图

图3-12为风冷式风循环商用中央空调的风道安装示意图。

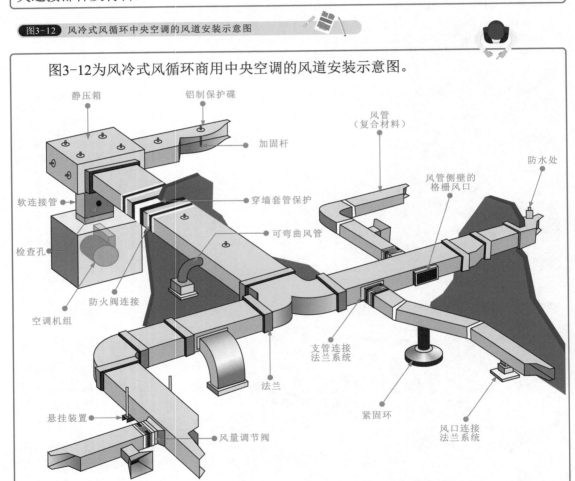

风道是风冷式风循环中央空调主要的送风传输通道，在安装风道时，应先根据安装环境实地测量和规划。按照要求制作出一段一段的风管，然后依据设计规划，将一段一段的风管接在一起，并与相应的风道设备连接组合、固定在室内上方。

因此，对于风道安装连接可以分成风管的加工制作、风管的连接、风道设备与风管的连接、风道的安装四部分内容。

❶ 风管的加工制作

  风管是中央空调器送风的管道系统。通常，在进行中央空调安装过程中，风管的制作都采用现场丈量、加工，然后通过咬口连接、铆接和焊接等方式加工成型并连接。

  因此，在制作风管前，一定要根据设计要求对风管的长度和安装方式进行核查，并结合实际安装环境，结合仔细的丈量结果做出周密的风管制作方案。然后根据实际丈量尺寸，确定风管的大小和数量核算板材。

  目前，风管按照制作的材料主要有金属材料风管和复合材料风管两种。其中，以金属材料的风管最为常见，许多商用中央空调中都采用镀锌钢板为材料。这种材料的风管在加工制作时首先按照规定尺寸下料，进行剪板和倒角。

  a. 镀锌钢板的剪裁和倒角。 对于镀锌钢板的切割多采用剪板机，将需要裁切的尺寸直接输入电脑，剪板机便会自动根据输入的尺寸完成精确的切割。

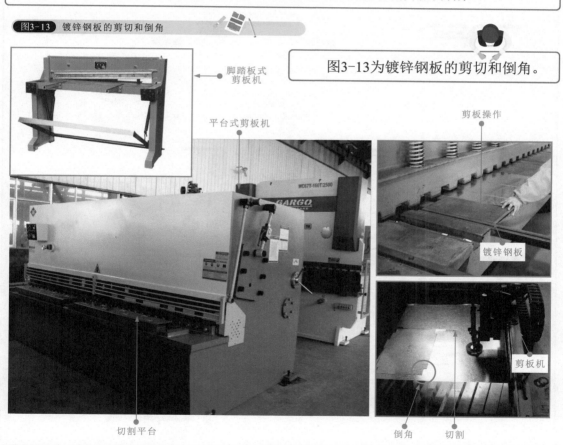

图3-13 镀锌钢板的剪切和倒角

脚踏板式剪板机

平台式剪板机

剪板操作

图3-13为镀锌钢板的剪切和倒角。

镀锌钢板

剪板机

切割平台

倒角 切割

  在进行剪板/倒角操作时，一定要注意人身安全，手严禁伸入到切割平台的压板空隙中。在剪板操作时，手尽可能远离刀口（最近距离不得少于5cm），如果是使用脚踏式剪板机，在调整板料时，脚不要放在踏板上，以免误操作导致割伤事故或材料损伤

b. 镀锌钢板咬口方法。　　剪板/倒角完成，接下来就要对切割成型的镀锌钢板进行咬口操作。咬口也称咬边（或辘骨），主要用于板材边缘的加工，使板材便于连接。

 图3-14　镀锌钢板常见的咬口连接方式

如图3-14所示，镀锌钢板常见的咬口连接方式主要有按扣式咬口连接、联合角（东洋骨）咬口连接、转角咬口（驳骨）连接、单咬口（勾骨）连接、立咬口（单/双骨）连接等几种。

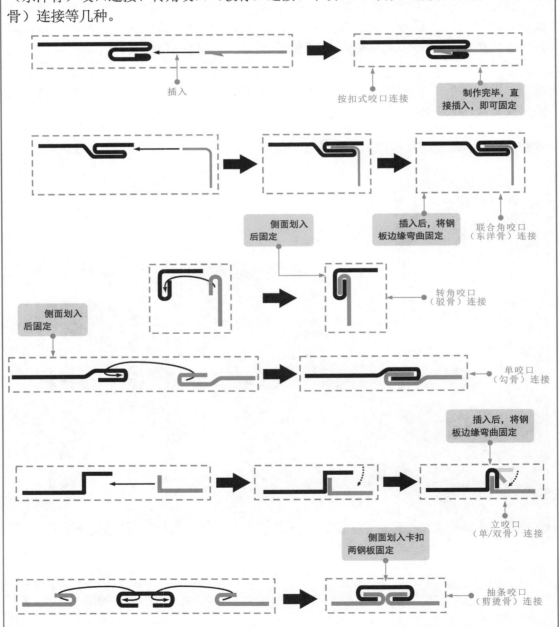

图3-15 咬口机的实物外形

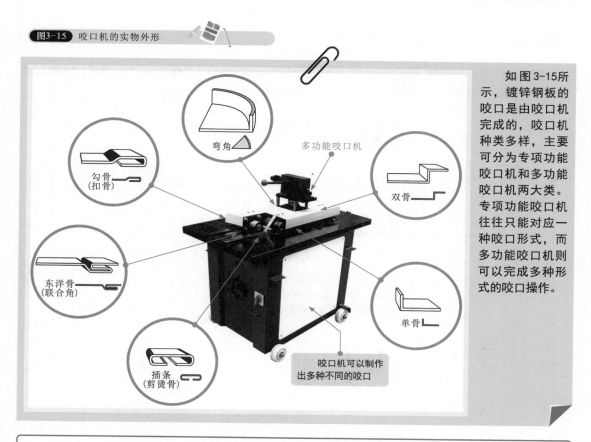

如图 3-15所示，镀锌钢板的咬口是由咬口机完成的，咬口机种类多样，主要可分为专项功能咬口机和多功能咬口机两大类。专项功能咬口机往往只能对应一种咬口形式，而多功能咬口机则可以完成多种形式的咬口操作。

c.镀锌钢板折方（或圈圆）的方法。 咬口操作完成后，便可以根据设计规划，对咬口成型的镀锌钢板进行折方（或圈圆）操作。

图3-16 镀锌钢板常见的咬口连接方式

如图3-16所示，通常，风管的形状主要有矩形和圆形。如果需要制作矩形风管，则利用折方机对加工好的镀锌钢板进行弯折，使其折成矩形。若需要制作圆形风管，则可利用圈圆机进行圈圆操作。

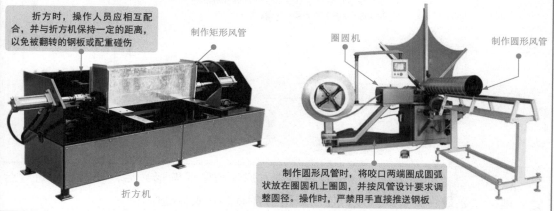

折方时，操作人员应相互配合，并与折方机保持一定的距离，以免被翻转的钢板或配重碰伤

制作圆形风管时，将咬口两端圈成圆弧状放在圈圆机上圈圆，并按风管设计要求调整圆径。操作时，严禁用手直接推送钢板

图3-17 复合材料风管的折方操作

图3-17所示为复合材料风管的折方方法。复合材料的板材可切成不同的样式，然后再进行拼接。矩形风管的拼接可采用一片法、U形二片法、L形二片法和四片法。

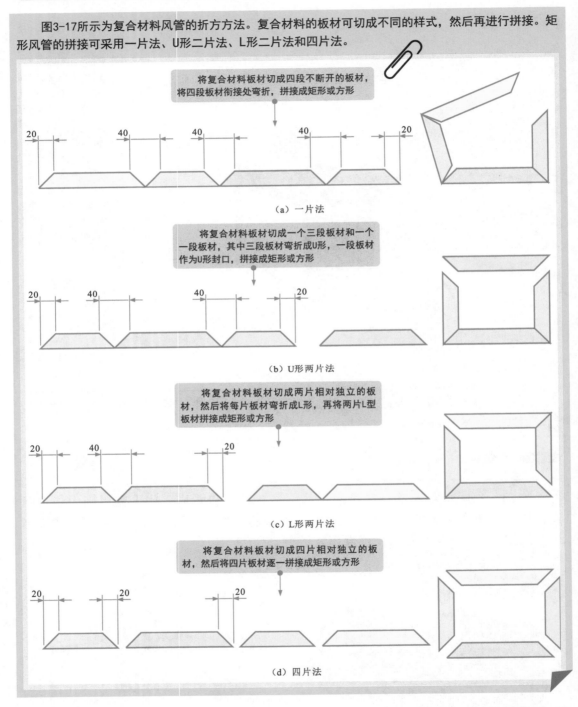

将复合材料板材切成四段不断开的板材，将四段板材衔接处弯折，拼接成矩形或方形

（a）一片法

将复合材料板材切成一个三段板材和一个一段板材，其中三段板材弯折成U形，一段板材作为U形封口，拼接成矩形或方形

（b）U形两片法

将复合材料板材切成两片相对独立的板材，然后将每片板材弯折L形，再将两片L型板材拼接成矩形或方形

（c）L形两片法

将复合材料板材切成四片相对独立的板材，然后将四片板材逐一拼接成矩形或方形

（d）四片法

d. 风管合缝处理方法。 风管折制成方形（或圈成圆形）后，要对风管进行合缝处理，使之最终成型。一般可使用专用的合缝机完成合缝操作。

如图3-18所示，借助专用的镀锌钢板合缝机，对板材拼接位置进行合缝。需要注意的是，在联合角、转角及单/双骨等位置合缝时，应操作仔细、缓慢，必须确保合缝效果完好，不能有开缝、漏缝情况。

图3-18 镀锌钢板合缝处理方法

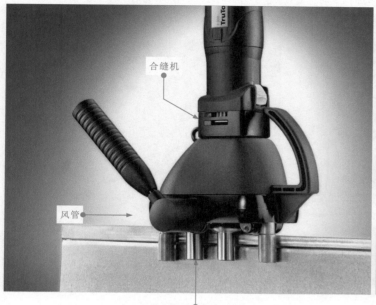

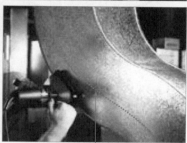

将合缝机底部夹持到待合缝的板材拼接位置

合缝机可根据风管走向进行合缝

联合角(东洋骨)合缝操作

转角(驳骨)合缝操作

单/双骨合缝操作

❷ 风管的连接

通常，风管依据实际需要和板材规格，其长度控制在1.8～4 m。因此，在现场安装时，常需要将多段风管进行连接，以符合实际需要。

金属材料的风管通常采用法兰角连接及铆接的方法进行连接；复合材料风管可以采用错位无法兰插接式连接。

图3-19 金属材料风管的法兰角连接方法

如图3-19所示，采用金属材料制作的风管，借助法兰角实现连接的方法。

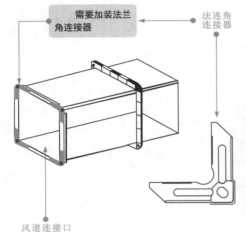
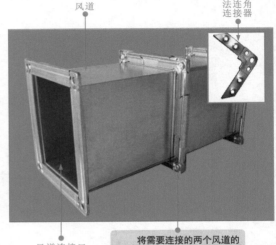

需要加装法兰角连接器　法连角连接器　风道　法连角连接器

风道连接口

风道连接口

将需要连接的两个风道的风道连接口对齐，并使用法兰角连接器连接接口处的四个角

图3-20 金属材料风管的铆接连接方法

如图3-20所示，采用金属材料制作的风管，借助铆钉实现铆接的方法。

铆钉　气铆连接器　风道连接口　固定螺孔

在对风道进行铆接时，可以使用气铆连接器对其进行铆接

① 将需要连接的两节风道的风道连接口对齐，并确保连接口上的固定螺孔对齐

图3-20 金属材料风管的铆接连接方法（续）

气铆连接器

气铆连接器

使用铆接方法加工完成的风道

② 当两个风道连接口对接完成，将铆钉放入气铆连接器中，使连接器对准需要连接螺孔，按下气铆连接器上的开关，使铆钉进入固定螺孔

图3-21 复合材料风管的错位无法兰插接式连接

涂抹黏合剂

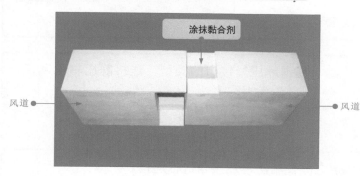

风道

风道

　　如图3-21所示，玻镁复合风道可以采用错位无法兰插接式连接，将风道的连接插口对齐，将专用的黏合剂涂抹在风道连接口上，将其对接插入即可。

图3-22 风冷式风循环中央空调风道的安装效果图

风道之间的连接处

风道布局合理，接缝紧密，安装牢固可靠

风道之间的连接处

风道

　　图3-22为风冷式风循环中央空调多段风管的连接效果。

风道之间的连接处

风道

❸ 风道设备与风管的连接

风道中除了主体风管外，往往安装有多种风道设备，如静压箱、风量调节阀等，因此还需要将静压箱与风管连接、风量调节阀与风管连接。

图3-23 风量调节阀与静压箱

图3-23为风量调节阀与静压箱，由图中可以看出风量调节阀与静压箱上都带有连接法兰角连接器，与风道之间的连接方式基本相同。

a. 静压箱与风管之间的连接。　根据静压箱接口的类型，连接静压箱和风管一般采用法兰连接角连接。

图3-24 静压箱与风管的连接方法

如图3-24所示，静压箱与风道之间使用法兰连接角进行连接。

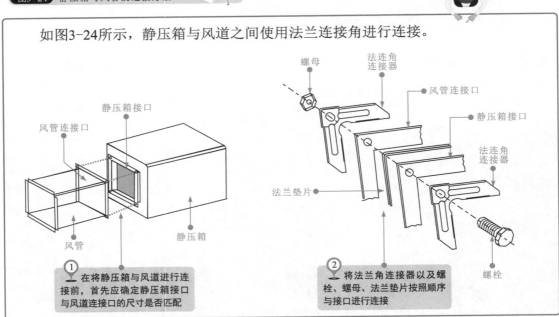

b. 风量调节阀与风管之间的连接。　　根据风量调节阀接口的类型，连接风量调节阀和风管一般采用插接法兰条与勾码连接。

图3-25 风量调节阀与风管的连接方法

图3-25为风量调节阀与风道之间通过插接法兰条与勾码连接的方法。

风道连接口
风量调节阀
插接法兰条
勾码
风道
风量调节阀
连接口

① 将风量调节阀与风道连接口进行连接时，连接口应相匹配

通常风道与风量调节阀进行连接时，可以使用插接法兰条与勾码进行连接

勾码
风量调节阀
连接口
插接法兰条
风道连接口

② 将两个插接法兰条分别插入风道连接口与风量调节阀连接口中间，并使用勾码对其进行固定

插接法兰条
勾码

③ 使用勾码连接完成后，应当将螺栓拧紧，使其紧固

❹ 风道的安装

风道多采用吊装的方法安装在天花板上。

吊装时应先根据风道的宽度选择合适的钢筋吊架，然后在确定的安装位置上，使用电钻打孔，并将全螺纹吊杆安装在打好的孔中。安装好吊杆后，将连接好的风道固定到吊杆上即可。

图3-26为使用吊杆吊装风道的操作方法。

图3-26 风道的吊装方法

全螺纹吊杆

① 将全螺纹吊杆安装在已经确定好的位置上

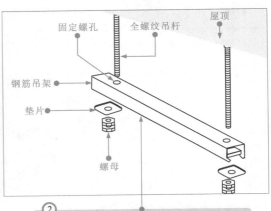

固定螺孔 全螺纹吊杆 屋顶

钢筋吊架

垫片

螺母

② 当全螺纹吊杆固定在屋顶之后,将其底部的螺母取下,然后将钢筋吊架上的固定螺孔对准全螺纹吊杆,使其穿过,使用垫片和螺母进行固定

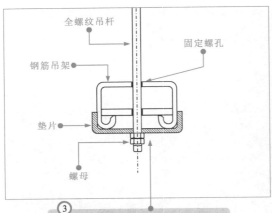

全螺纹吊杆

固定螺孔

钢筋吊架

垫片

螺母

③ 当全螺纹吊杆穿入钢筋吊架的固定螺孔和垫片后,应使用双螺母将其拧紧固定

钢筋吊架

全螺纹吊杆

④ 将钢筋吊架固定完成后,应当检查钢筋吊架是否保持水平位置

⑤ 当钢筋吊架安装完成后,即可将风道安装至吊架上端,当风道安装好后,安装人员需要站在工程架上,使用专业的连接方法将风道进行连接

⑥ 当风道固定在钢筋吊架上之后,应检查风道两端与钢筋吊架两端的距离

风道距全螺纹吊杆的距离

风道

安装人员需在工程架上对风道进行安装

风道

钢筋吊架

3.3.2　水管道的安装连接方法

风冷式水循环中央空调器的水管道连接与风道类似，在安装连接时，首先要根据安装环境实地测量和规划，按照要求制作出一段一段的水管，然后依据设计规划，将一段一段的水管以及闸阀组件接在一起，固定在建筑的顶部或墙壁上。

图3-27　风冷式水循环中央空调器水管道的连接示意图

膨胀水箱
补水口
进水口
回水口
截止阀
平衡阀（球阀）
温度计
室外机组（一体机）
过滤器
流量开关
防震软管
压力表

图3-27为风冷式水循环中央空调器室外机水管道的连接示意图。水管道安装主要包括水管与闸阀组件连接，如水泵的安装、自动排气阀和排水阀的安装、过滤器的安装、水流开关的安装等。

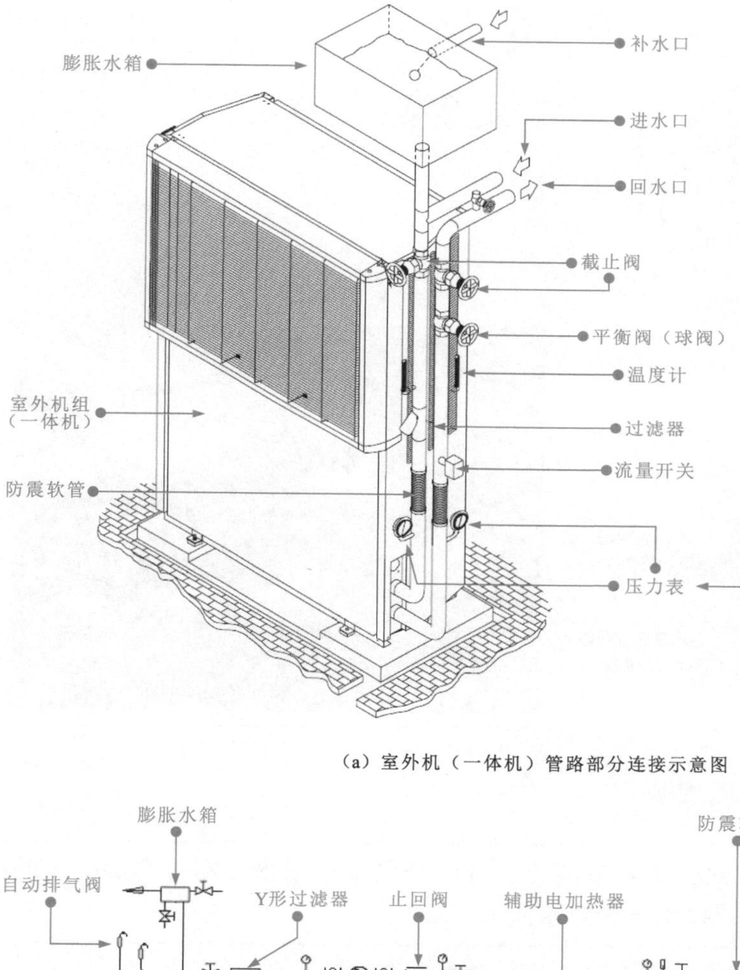

风冷式水循环中央空调器的室外机安装好后，可根据安装图对室外机的管路进行连接。单个室外机与室内部分只有进水管路和回水管路相连，多组室外机则需要从一台主室外机中引出管路，其他机组再与管路并联

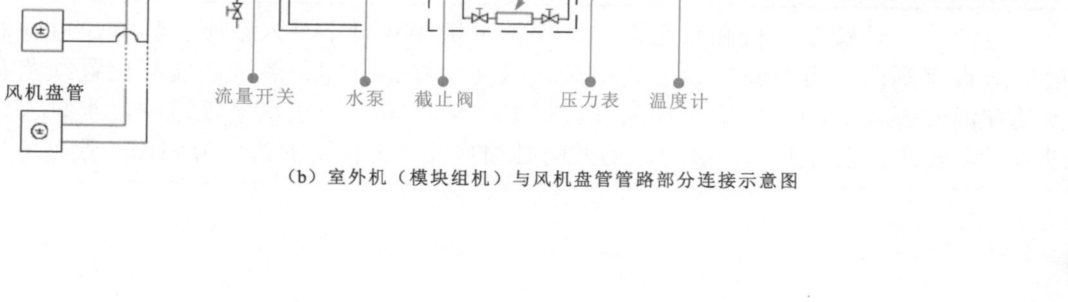

（a）室外机（一体机）管路部分连接示意图

膨胀水箱
自动排气阀
Y形过滤器
止回阀
辅助电加热器
防震软管
室外机主机
辅机1
辅机N
风机盘管
流量开关
水泵
截止阀
压力表
温度计

（b）室外机（模块组机）与风机盘管管路部分连接示意图

❶ 水泵的安装

水泵是风冷式水循环中央空调水管道中的重要组成部件之一，用于增加水管道中的水循环动力，通常安装在系统的进水管上。

 图3-28 水泵的安装方法

如图3-28所示，水泵需要安装在水泥基座上，水平校正后，再固定好地脚螺栓。配管时，泵体接口和管道连接不得强行组合。

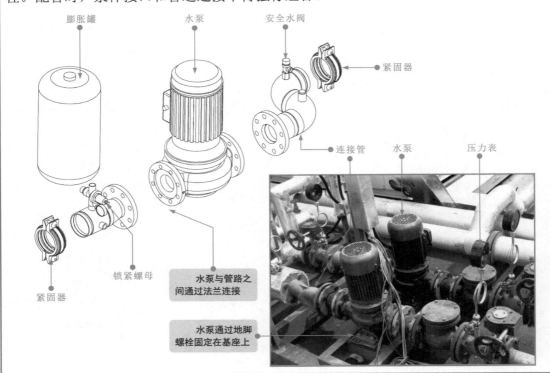

膨胀罐　水泵　安全水阀　紧固器　连接管　水泵　压力表　锁紧螺母　紧固器

水泵与管路之间通过法兰连接

水泵通过地脚螺栓固定在基座上

❷ 自动排气阀和排水阀的安装

自动排气阀应设置在水管系统最高点、分区分段水平干管、布置有局部上凸的地方。管路的最低端应设置排水管和排水阀。

❸ 过滤器的安装

过滤器应设置在主机和水泵之前，保护主机和水泵不进入杂质、异物，过滤器前后应设有阀门（可与其他设备共用），以便检修、拆卸、清洗，安装位置须留有拆装和清洗操作空间，便于定期清洗。过滤器应尽量安装在水平管道中，水泵入口过滤器多安装在主管上，介质的流动方向必须与外壳上标明的箭头方向相一致。

如图3-29所示，自动排气阀和排水阀是风冷式水循环中央空调水管道中的辅助闸阀组件，通常安装在管路末端或最低处。

图3-29 自动排气阀和排水阀的安装连接

自动排气阀

排水阀安装于管的最低处

自动排气阀安装于管路的最高处，便于排出管路中空气

排水阀

如图3-30所示，过滤器也是风冷式水循环中央空调水管道中不可缺少的组成部件之一，用于过滤水管路中的杂质，通常采用法兰连接方法安装在水管道中。

图3-30 过滤器的安装连接

过滤器

法兰盘

橡胶软管

过滤器通过法兰与水管或橡胶软管相连

过滤器

螺栓

❹ 水流开关的安装

　　水流开关是一种检测部件，在冷水流量不足或缺水情况下，水流开关动作使主机停止工作。水流开关要求安装在主机出水主管水平管段上，前后必须有不小于5倍管径的平直管道，外壳箭头方向应与水流方向一致，切勿装错。水流开关控制线应接在主机对应接线端子上，安装前应检查端子的通断情况，以免接错。

图3-31　水流开关的安装连接

水流开关　　水管道　　水流开关的电气连接引线与主机相连

　　图3-31为水流开关的安装连接。水流开关安装完毕后，其下部的簧片长度应达到管道直径的2/3处，且能活动自如，不应出现卡住或摆动幅度小的现象，以免误动作。

水流开关安装在水平管道上，用来检测管内流过的水量大小

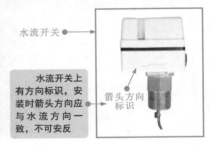

水流开关

水流开关上有方向标识，安装时箭头方向应与水流方向一致，不可安反

箭头方向标识

3.4 风冷式中央空调室内末端设备的安装

3.4.1 风管机的安装

　　风管机是风冷式风循环中央空调系统中重要的室内机设备。风管机内有蒸发器和风扇，蒸发器与室外机组制冷管路相连，风管机的两个接口与室内送风口和回风口相连。
　　安装风管机主要包括风管机机体的安装、风管机与风道的连接两个环节。

❶ 风管机机体的安装

　　风管机通常采用吊装的方式进行安装，与安装风道吊架的方法基本相同，当确定风管机的安装位置后，应当在确定的安装位置进行打孔，并将全螺纹吊杆进行固定，然后将吊架固定在全螺纹吊杆上，再将风管机固定在吊架上即可。

图3-32 风管机的吊装

② 打好安装孔后，固定和安装全螺纹吊杆和吊架

图3-32为风冷式风循环中央空调风管机的安装方法。

风管机较重，要保证吊架有一定的承重能力，工作人员要使用人字梯辅助安装

吊杆

风管机

吊架

① 根据设计规划选定风管机的安装位置，并在选定的位置上打孔

③ 将风管机固定在吊架上

❷ 风管机与风道的连接

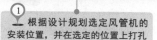

如图3-33所示，风管机与风道的连接主要分为风管机送风口与风道的连接和风管机回风口与风道的连接两道工序。

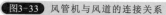 图3-33 风管机与风道的连接关系

风道　送风口　　回风口　　　过滤器　　　　　　风道

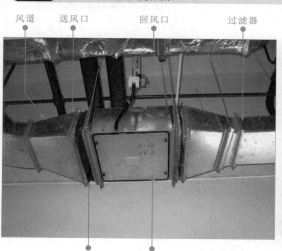

风道补偿器　　风管机　　　　　　风道补偿器　　　风管机

图3-34 风道补偿器与帆布软管

如图3-34所示，风管机在与风道进行连接时，需要使用风道补偿器或帆布软管等进行连接。由于风管机工作时，可能产生振动，若安装有风道补偿器或帆布软管，可有效减小风道与风管机同时产生振动的可能。

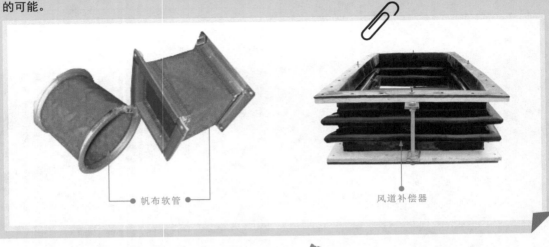

帆布软管

风道补偿器

图3-35 风管机送风口与风道连接的方法

如图3-35所示，当风管机与风道吊装完成后，风管机的送风口与风道之间可以使用风道补偿器进行连接，将风道补偿器的一端与风管机送风口连接，另一端与风道连接。

风管机

风道补偿器

风道

① 当风机与风道的安装完成后，应当使用专业的连接设备将风机送风口与风道连接。当风管机与风道固定于钢丝吊架上以后，可使用风道补偿器进行连接

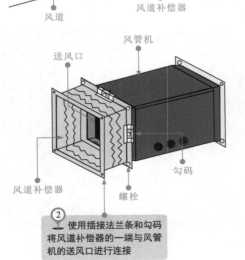

风管机

送风口

风道补偿器

螺栓

勾码

② 使用插接法兰条和勾码将风道补偿器的一端与风管机的送风口进行连接

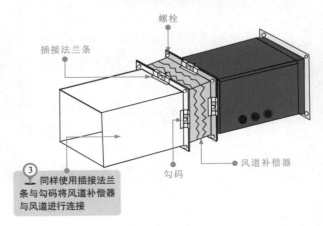

螺栓

插接法兰条

勾码

风道补偿器

③ 同样使用插接法兰条与勾码将风道补偿器与风道进行连接

　　风管机回风口需要通过过滤器与风道进行连接。通常过滤器的安装方式与风管机的安装方式相同（采用吊装方式），其主要用于风冷式风循环中央空调对回风混合风道送回的风进行过滤处理。

图3-36 用于连接风管机回风口的过滤器

图3-36为用于与风管机回风口连接的过滤器。

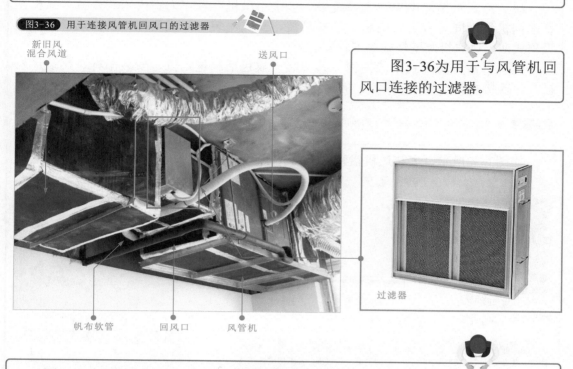

图3-37为风管机送风口与过滤器的连接方法。

图3-37 风管机送风口与过滤器的连接方法

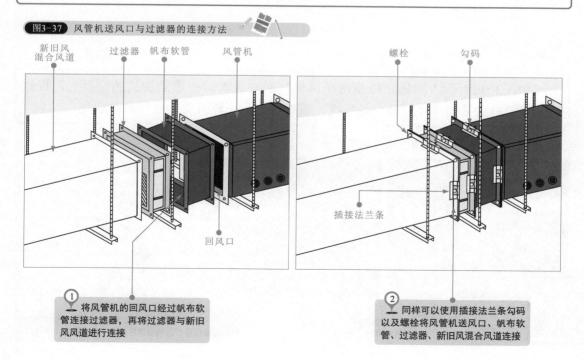

① 将风管机的回风口经过帆布软管连接过滤器，再将过滤器与新旧风风道进行连接

② 同样可以使用插接法兰条勾码以及螺栓将风管机送风口、帆布软管、过滤器、新旧风混合风道连接

3.4.2 风机盘管的安装

在风冷式水循环中央空调系统中，多采用风机盘管作为室内末端设备。风机盘管根据机型不同可有卧式明装、卧式暗装、立式明装、立式暗装、吸顶式二出风、吸顶式四出风风机及壁挂式等多种安装方式。

这里以常见的卧式暗装为例，其安装一般包括测量定位、安装吊杆、吊装风机盘管、连接水管道等环节。

图3-38 卧式暗装风机盘管的安装要求和规范

如图3-38所示，安装风机盘管前需要先了解其基本的安装要求和规范。

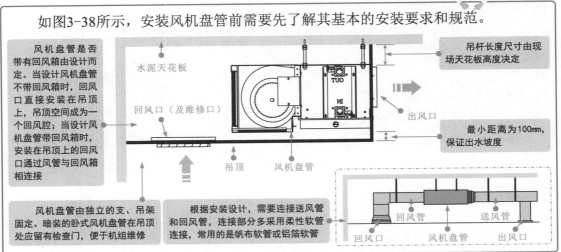

风机盘管是否带有回风箱由设计而定。当设计风机盘管不带回风箱时，回风口直接安装在吊顶上，吊顶空间成为一个回风腔；当设计风机盘管带回风箱时，安装在吊顶上的回风口通过风管与回风箱相连接

风机盘管由独立的支、吊架固定。暗装的卧式风机盘管在吊顶处应留有检查门，便于机组维修

根据安装设计，需要连接送风管和回风管，连接部分多采用柔性软管连接，常用的是帆布软管或铝箔软管

① **测量定位**

如图3-39所示，测量定位是指在风机判断安装前，在选定安装的位置上，根据待安装风机盘管的尺寸划出一条直线，该直线为下一环节安装吊杆做好定位。

图3-39 风机盘管安装前的测量定位

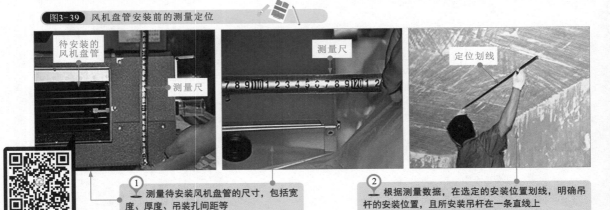

① 测量待安装风机盘管的尺寸，包括宽度、厚度、吊装孔间距等

② 根据测量数据，在选定的安装位置划线，明确吊杆的安装位置，且所安装吊杆在一条直线上

❷ 安装吊杆

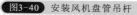
图3-40 安装风机盘管吊杆

如图3-40所示，风机盘管采用独立的吊杆安装。安装吊杆需要先在划定好的位置钻孔打眼、安装膨胀螺栓，然后固定吊杆。

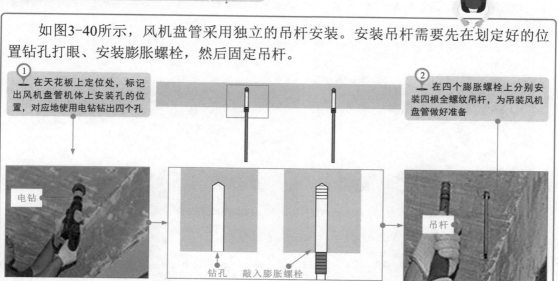

① 在天花板上定位处，标记出风机盘管机体上安装孔的位置，对应地使用电钻钻出四个孔

电钻

钻孔　敲入膨胀螺栓

② 在四个膨胀螺栓上分别安装四根全螺纹吊杆，为吊装风机盘管做好准备

吊杆

❸ 吊装风机盘管

图3-41 吊装风机盘管

如图3-41所示，将风机盘管箱体托举到待安装位置，并使其四个安装孔对准四根全螺纹吊杆，将吊杆穿入安装孔中，分别使用固定螺母、垫片将风机盘管机体悬吊在四根吊杆上，安装必须牢固可靠。

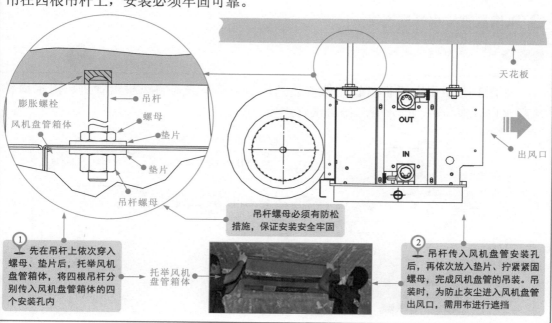

膨胀螺栓　吊杆

风机盘管箱体

螺母

垫片

垫片

吊杆螺母

天花板

OUT

IN

出风口

吊杆螺母必须有防松措施，保证安装安全牢固

① 先在吊杆上依次穿入螺母、垫片后，托举风机盘管箱体，将四根吊杆分别传入风机盘管箱体的四个安装孔内

托举风机盘管箱体

② 吊杆传入风机盘管安装孔后，再依次放入垫片、拧紧紧固螺母，完成风机盘管的吊装。吊装时，为防止灰尘进入风机盘管出风口，需用布进行遮挡

图3-42 风机盘管的安装方式

　　如图3-42所示，风机盘管吊装的高度（吊杆的长度）根据安装空间和设计需要决定，也可将风机盘管紧贴天花板安装。

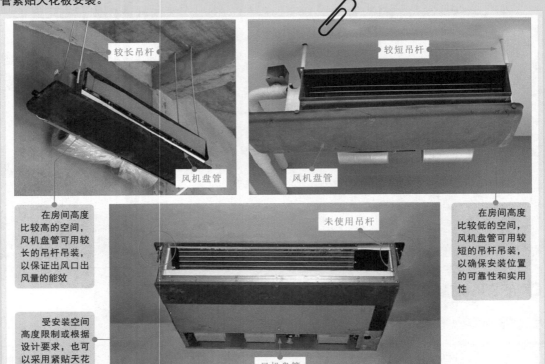

较长吊杆

较短吊杆

风机盘管

风机盘管

未使用吊杆

风机盘管

在房间高度比较高的空间，风机盘管可用较长的吊杆吊装，以保证出风口出风量的能效

在房间高度比较低的空间，风机盘管可用较短的吊杆吊装，以确保安装位置的可靠性和实用性

受安装空间高度限制或根据设计要求，也可以采用紧贴天花板的方式安装

❹ 风机盘管与水管道连接

图3-43 风机盘管与水管道的连接关系

　　如图3-43所示，风机盘管箱体安装到位后，接下来需将风机盘管进、出水口和冷凝水口分别与进、出水管和冷凝水管连接。

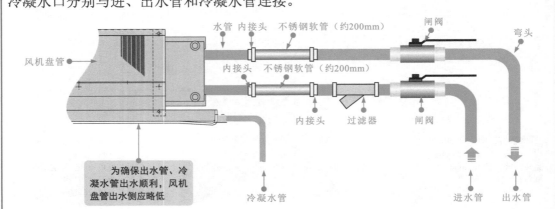

水管　内接头　不锈钢软管（约200mm）　　闸阀

弯头

风机盘管

内接头　不锈钢软管（约200mm）

内接头　　过滤器　　闸阀

为确保出水管、冷凝水管出水顺利，风机盘管出水侧应略低

冷凝水管

进水管　出水管

如图3-44所示，根据风机盘管与水管道的连接关系，将风机盘管与水管道连接，拧紧接头，确保连接正确、牢固可靠。

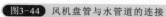

图3-44 风机盘管与水管道的连接

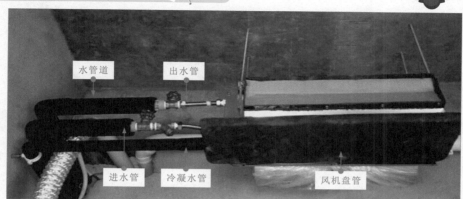

① 将风机盘管的进水口与水管道进水管连接

② 将风机盘管的出水口与水管道出水管连接

③ 将风机盘管的冷凝水口与水管道冷凝水管连接

图3-45 风机盘管安装完成

为防止风机盘管连接水管处结露，应对风机盘管的连接水管进行绝热处理。风机盘管管路安装完成后还需进行电气线路的连接，最终完成安装后，通水前，应将进、出水管先通水清洗

图3-45为几种不同安装环境下，风机盘管的安装完成效果图。

第4章
水冷式中央空调的安装技能

4.1 水冷式中央空调冷水机组的安装

4.1.1 水冷式中央空调冷水机组的安装要求

图4-1　水冷式中央空调中的冷水机组

如图4-1所示，冷水机组是水冷式中央空调系统中的核心部分，安装前先了解一下基本构造。

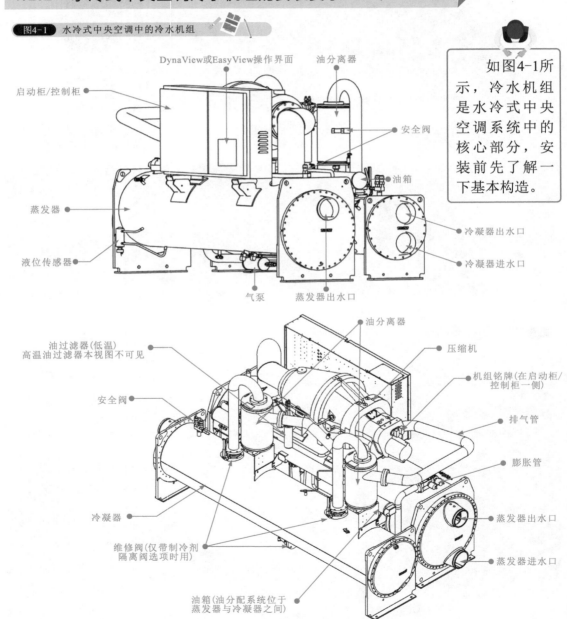

DynaView或EasyView操作界面　油分离器
启动柜/控制柜
安全阀
油箱
蒸发器
冷凝器出水口
液位传感器
冷凝器进水口
气泵　蒸发器出水口

油分离器
油过滤器(低温)
高温油过滤器本视图不可见
压缩机
机组铭牌(在启动柜/控制柜一侧)
安全阀
排气管
膨胀管
冷凝器
蒸发器出水口
维修阀(仅带制冷剂隔离阀选项时用)
蒸发器进水口
油箱(油分配系统位于蒸发器与冷凝器之间)

　　水冷式中央空调冷水机组实施安装作业之前，要首先了解基本安装要求，根据要求规范安装冷水机组在其安装过程中非常重要，安装是否合理将直接影响整个中央空调的工作效果。

❶ 冷水机组安装基座要求

 图4-2 冷水机组安装基座的要求

　　如图4-2所示，冷水机组的安装基座要求必须是混凝土或钢制结构，且必须能够承受机组及附属设备、制冷剂、水等的运行重量。

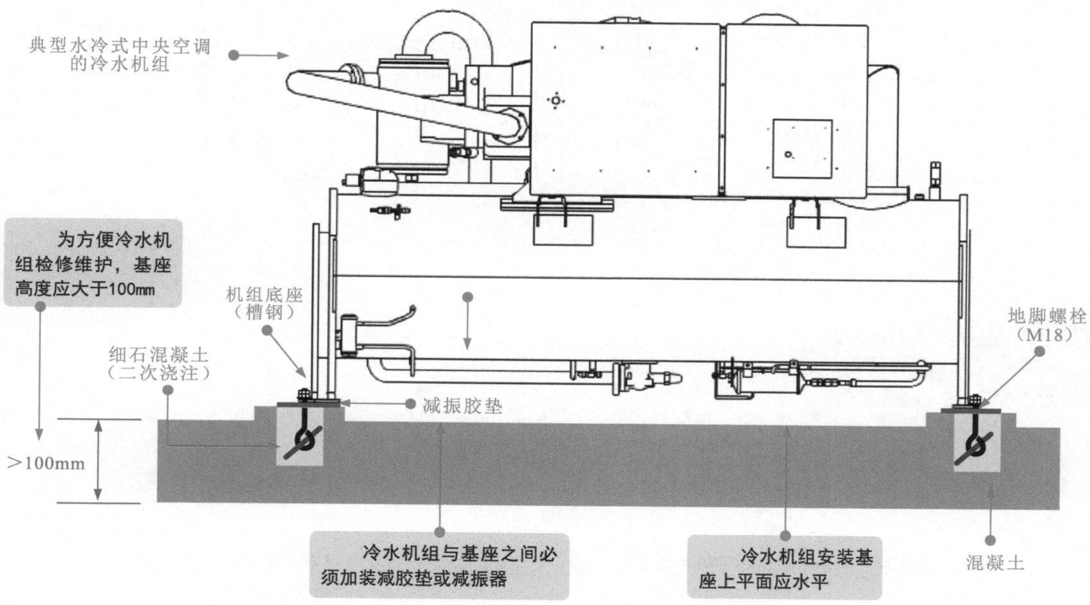

典型水冷式中央空调
的冷水机组

为方便冷水机
组检修维护，基座
高度应大于100mm

机组底座
（槽钢）

地脚螺栓
（M18）

细石混凝土
（二次浇注）

>100mm

减振胶垫

冷水机组与基座之间必
须加装减胶垫或减振器

冷水机组安装基
座上平面应水平

混凝土

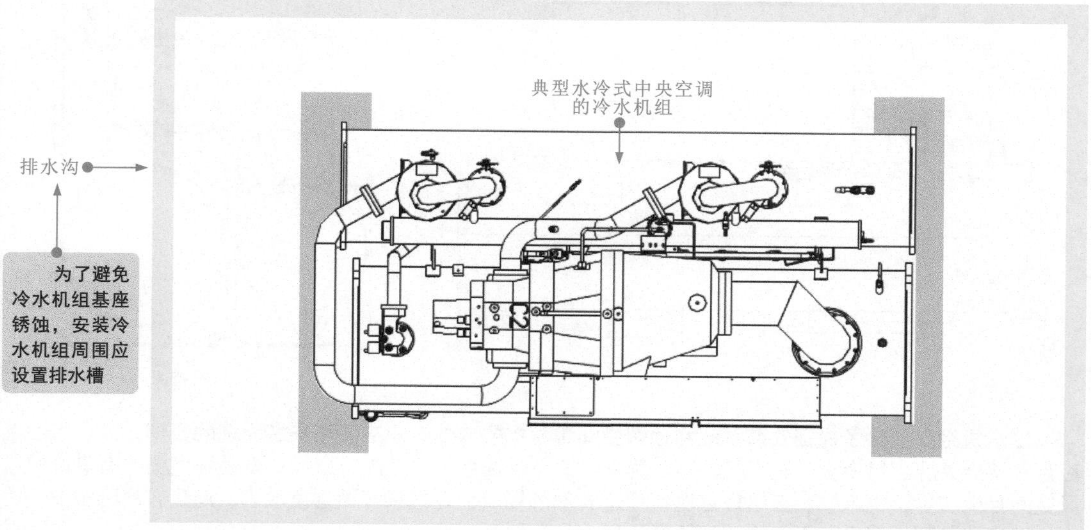

排水沟

典型水冷式中央空调
的冷水机组

为了避免
冷水机组基座
锈蚀，安装冷
水机组周围应
设置排水槽

❷ 冷水机组预留空间要求

图4-3 冷水机组预留空间要求

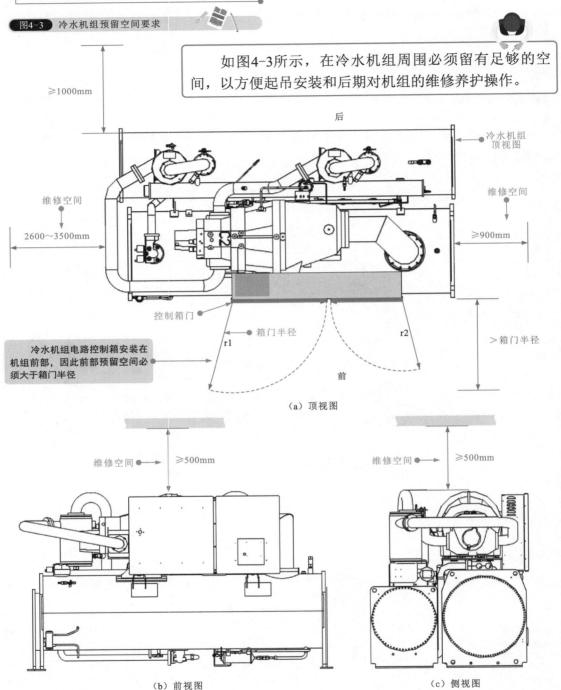

如图4-3所示，在冷水机组周围必须留有足够的空间，以方便起吊安装和后期对机组的维修养护操作。

≥1000mm

后

冷水机组顶视图

维修空间

2600～3500mm

维修空间

≥900mm

控制箱门

箱门半径

r1

>箱门半径

r2

前

冷水机组电路控制箱安装在机组前部，因此前部预留空间必须大于箱门半径

（a）顶视图

维修空间 ≥500mm

维修空间 ≥500mm

（b）前视图

（c）侧视图

　　冷水机组安装除了保证安装基座和预留空间等基本要求外，还应注意安装环境的合理，如机组安装应避免接近火源、易燃物，避免受暴晒、雨淋，避免腐蚀性气体或废气影响；安装环境要求有良好的通风空间且少灰尘；机组安装应选择室温不超过40℃的场所；在气候环境湿度较大，温度较高的地方，冷水机组应安装到机房内，不允许室外机露天安装、存放。

4.1.2 水冷式中央空调冷水机组的吊装

水冷式中央空调的冷水机组体积和重量较大，安装时一般需借助大型起重设备吊装到选定的安装位置上。

图4-4 冷水机组的吊装方法

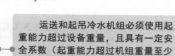

图4-4为冷水机组的吊装方法。

运送和起吊冷水机组必须使用起重能力超过设备重量，且具有一定安全系数（起重能力超过机组重量至少10%）的起吊设备，一般不使用铲车移动机组，防止滑落导致设备损坏

起吊时，吊绳之间应放置支撑杆，必须避免吊绳挤压机组，以防造成机组和连接部件损坏

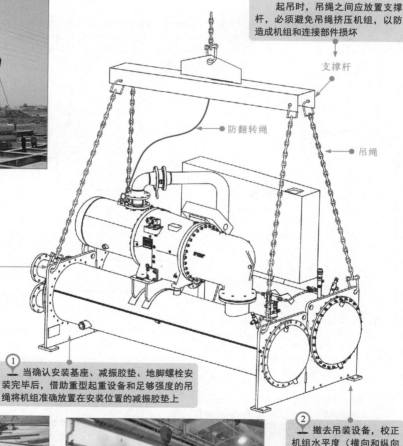

支撑杆

防翻转绳

吊绳

起吊冷水机组时，吊绳可以安装在机组上的起吊孔（壳管换热器）上；有钢底座或木底座的机组，起吊绳可安装在底座的起吊孔上。切忌将吊绳安装在压缩机任何位置上起吊，也不可用吊绳缠绕压缩机、壳管换热器等机组零件

起吊机组前，应在其中吊绳支撑杆和压缩机顶部的螺纹机头或铁环间安装防翻转绳，避免吊绳出现问题时导致机组坠落

① 当确认安装基座、减振胶垫、地脚螺栓安装完毕后，借助重型起重设备和足够强度的吊绳将机组准确放置在安装位置的减振胶垫上

② 撤去吊装设备，校正机组水平度（横向和纵向运行的水平度误差均为6mm/m），待水平度合格后拧紧地脚螺栓的螺母

冷水机组

4.2 水冷式中央空调管路的连接

图4-5 水冷式中央空调管路的连接方法

如图4-5所示，水冷式中央空调管路的连接是指将所有用来使水系统正确、安全运行的设备和控制部件采用正确的顺序和方法安装连接。正确连接管路系统也是决定水冷式中央空调系统性能的关键步骤。

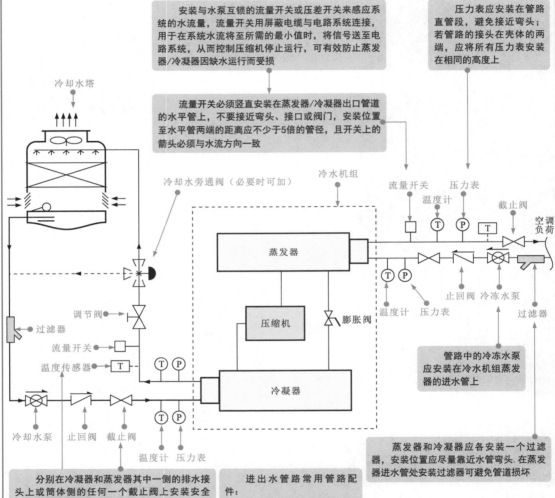

安装与水泵互锁的流量开关或压差开关来感应系统的水流量，流量开关用屏蔽电缆与电路系统连接，用于在系统水流将至所需的最小值时，将信号送至电路系统，从而控制压缩机停止运行，可有效防止蒸发器/冷凝器因缺水运行而受损

压力表应安装在管路直管段，避免接近弯头；若管路的接头在壳体的两端，应将所有压力表安装在相同的高度上

流量开关必须竖直安装在蒸发器/冷凝器出口管道的水平管上，不要接近弯头、接口或阀门，安装位置至水平管两端的距离应不少于5倍的管径，且开关上的箭头必须与水流方向一致

管路中的冷冻水泵应安装在冷水机组蒸发器的进水管上

分别在冷凝器和蒸发器其中一侧的排水接头上或筒体侧的任何一个截止阀上安装安全阀，避免流体静压升高导致筒体损坏

进出水管路常用管路配件：

进水管路配件有排空管（将系统中空气排出）、带截止阀的水压表、管接头、减振垫（器）、截止阀、温度计、清洗用三通、过滤器、流量开关

出水管路配件有排空管（将系统中空气排出）、带截止阀的水压表、管接头、减振垫（器）、截止阀、温度计、清洗用三通、平衡阀、安全阀

蒸发器和冷凝器应各安装一个过滤器，安装位置应尽量靠近水管弯头。在蒸发器进水管处安装过滤器可避免管道损坏

冷水、冷却水出口管道上的温度传感器应安装在距离冷水机组水管口约3米的位置

应在管道的所有低点布置排水管接头，用于将管路中的水排走；在所有高点布置放气口接口，用于将管路中的空气排走

与蒸发器直接相连的管道及连接件应易于拆卸，以方便运行前的清洗或对换热器接头外观的检查

管路和接头必须有单独的支撑，不可对机组造成压力，必要时安装减振垫（器），以减少传给建筑的振动

4.3 水冷式中央空调电气系统的安装

水冷式中央空调电气系统的连接是指将系统中与供电、控制和通信相关的所有电气部件通过线缆按照一定关系连接起来，构成一个完整的、具有特定控制功能的中央空调电路系统。

图4-6 水冷式中央空调电气系统的安装

如图4-6所示，水冷式中央空调的电气系统集中安装在电路控制箱中，用于检测管路系统状态的传感器、开关等通过线缆也接入该控制箱中。

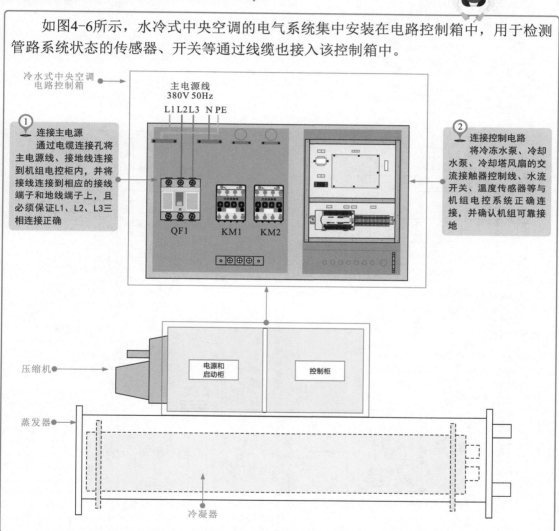

① 连接主电源
通过电缆连接孔将主电源线、接地线连接到机组电控柜内，并将接线连接到相应的接线端子和地线端子上，且必须保证L1、L2、L3三相连接正确

② 连接控制电路
将冷冻水泵、冷却水泵、冷却塔风扇的交流接触器控制线、水流开关、温度传感器等与机组电控系统正确连接，并确认机组可靠接地

冷水式中央空调电路控制箱

主电源线 380V 50Hz
L1 L2 L3 N PE

QF1 KM1 KM2

压缩机

电源和启动柜   控制柜

蒸发器

冷凝器

水冷式中央空调电气系统接线时应注意：在任何电气安装工作之前必须确保切断总电源。并确认所连接主电源的电压波动是在铭牌标出的10%范围之间，且电压的不平衡在2%之内。

另外，需要注意的是，水冷式中央空调主电源应该开机前8小时接通，且在工作季节一直供电，使压缩机加热带能够在未开时加热，使压缩机内存留的制冷剂液体挥发，可有效避免直接开机对压缩机带来的冲击。

图4-7 水冷式中央空调电气系统连接关系图

图4-7为典型水冷式中央空调电气系统的连接关系图，从图中可以看到系统中各电气部件的供电和控制关系。

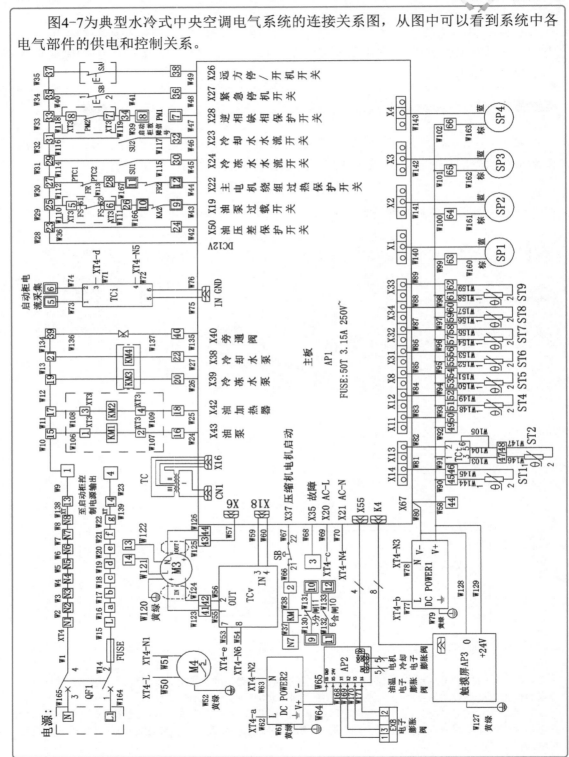

图4-8 水冷式中央空调的集中控制和远程监控

如图4-8所示，水冷式中央空调电气系统可与计算机通信连接，实现远程监测、控制和调整测试。

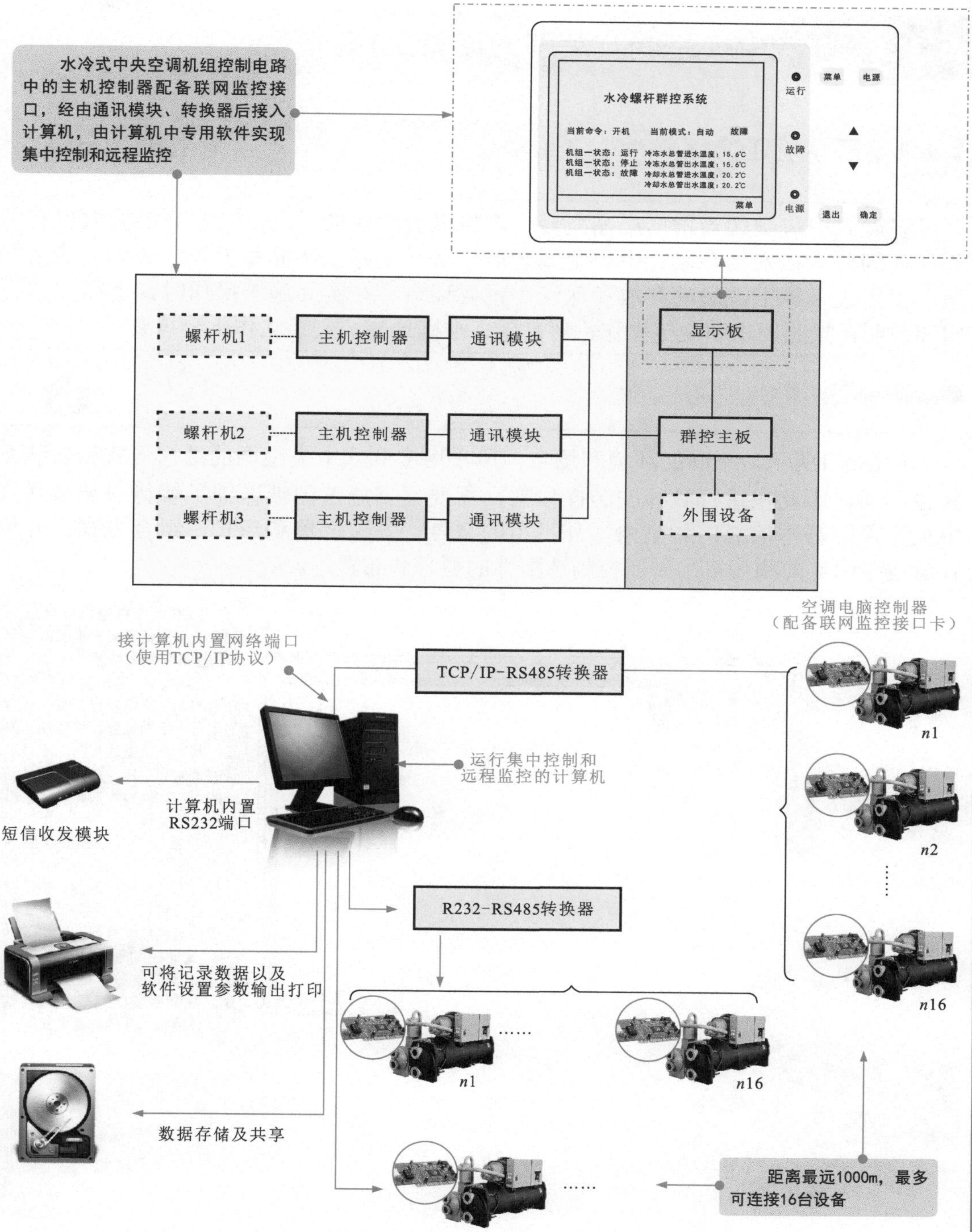

水冷式中央空调机组控制电路中的主机控制器配备联网监控接口，经由通讯模块、转换器后接入计算机，由计算机中专用软件实现集中控制和远程监控

水冷螺杆群控系统

运行　菜单　电源

当前命令：开机　　当前模式：自动　故障

机组一状态：运行　冷冻水总管进水温度：15.6℃
机组一状态：停止　冷冻水总管出水温度：15.5℃
机组一状态：故障　冷却水总管进水温度：20.2℃
　　　　　　　　　冷却水总管出水温度：20.2℃

故障

菜单　　退出　确定　电源

螺杆机1 —— 主机控制器 —— 通讯模块 —— 显示板

螺杆机2 —— 主机控制器 —— 通讯模块 —— 群控主板

螺杆机3 —— 主机控制器 —— 通讯模块 —— 外围设备

接计算机内置网络端口
（使用TCP/IP协议）

空调电脑控制器
（配备联网监控接口卡）

TCP/IP-RS485转换器

n1

n2

n16

运行集中控制和
远程监控的计算机

计算机内置
RS232端口

短信收发模块

R232-RS485转换器

可将记录数据以及
软件设置参数输出打印

n1　　　n16

数据存储及共享

距离最远1000m，最多
可连接16台设备

第5章
多联式中央空调的安装技能

5.1 多联式中央空调安装前的准备工作

5.1.1 确认施工方案

多联式中央空调器根据产品型号、规格以及功能的不同，对安装的要求也有所不同，因此，在安装多联式中央空调之前，必须做好安装准备工作，如确认施工方案、机组进入施工现场的存放和保管等重要环节。在实际施工操作时，遵循安装规定和说明，按照要求和规范操作，对高效、准确地完成安装工作十分重要。

> **图5-1** 根据施工图纸资料确认施工方案

如图5-1所示，不同的环境和场合，所采用多联式中央空调的结构形式和安装方式也不同，因此在进行具体安装操作前，需要根据施工图纸详细了解待安装多联式中央空调的基本信息，如室内、外机组的型号，安装位置和形式，组合方式，各种管道线路的走向和规格，所需控制选配件的型号和布置等。

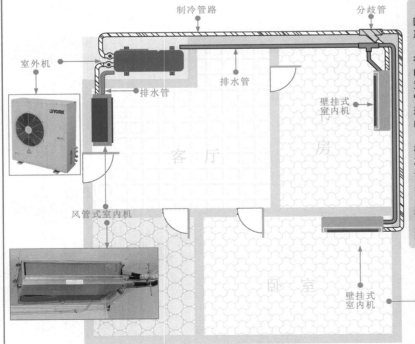

多联式中央空调安装施工图纸资料包括平面布置图、空调系统图和控制系统图。

其中，安装前应根据平面布置图确认室内机组、室外机组的型号、平面位置，管道井的位置，制冷剂管道的走向，冷凝水管的走向和规格，送风、回风管道的走向和规格，送风、回风口的平面位置等。

根据空调系统图确认室内机组、室外机组的组合形式，制冷剂管道与排水管道的规格，空调设备与管道之间的关系，主要关键的规格和型号等。

根据控制系统图确认室内机组、室外机机组的型号、位置，控制系统的组成和布线结构，各控制单元的编组方式等

5.1.2 明确施工总体原则

图5-2 明确施工总体原则

如图5-2所示，安装多联式中央空调必须了解系统的总体施工原则。例如，根据实际设定安装方案，明确整个系统的总体原则，如制冷管路长度/高度差要求、室内机/室外机的类型、安装位置和高度落差等原则等。

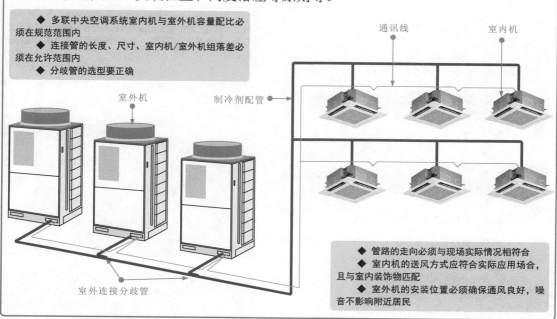

◆ 多联中央空调系统室内机与室外机容量配比必须在规范围内
◆ 连接管的长度、尺寸、室内机/室外机组落差必须在允许范围内
◆ 分歧管的选型要正确

通讯线　室内机

室外机

制冷剂配管

室外连接分歧管

◆ 管路的走向必须与现场实际情况相符合
◆ 室内机的送风方式应符合实际应用场合，且与室内装饰物匹配
◆ 室外机的安装位置必须确保通风良好，噪音不影响附近居民

多联中央空调系统室内机与室外机的容量配比一般为50%～130%，不同厂家要求不同，但基本上最低不能低于50%，最高不超过130%，超出这一范围将导致多联中央空调系统无法开机，表5-1为某品牌多联中央空调室内机与室外机容量配置表。

容量配比最低不可低于50%，是因为当空调器的压缩机运转一定时间，达到所需要的负荷后，压缩机自动转为低频运转或停机。若配比低于50%，即室内机总制冷量低于室外机的50%，则会出现室外机的能力过剩，高压压力高，则会引起停机保护等动作，误报故障，另外，由于系统中的冷媒量小，将导致制冷剂无法正常循环，严重会导致压缩机损坏和烧毁，且由于压缩机不是在其高效工作区域运行，能耗较高，不利于节能。

表5-1 某品牌多联中央空调室内机与室外机容量配置表

容量范围	8 HP	10 HP	12 HP	14 HP	16 HP	18 HP	20 HP	22 HP	24 HP	26 HP	28 HP	30 HP	32 HP	34 HP	36 HP	38 HP	40 HP	42 HP	44 HP	46 HP
可连接室内机台数	13	16	19	23	26	29	33	36	39	43	46	50	53	56	59	63	64	64	64	64
连接室内机的总容量指数	112～291	140～364	168～436	200～520	225～585	252～655	280～727	312～811	337～876	365～949	393～1021	425～1105	450～1170	477～1240	505～1312	537～1396	562～1461	590～1534	618～1606	650～1690

注：容量指数一般为（W/100）。

5.1.3　设备的存放和保管

如图5-3所示，多联中央空调系统安装前，需要明确系统安装所需的室内机组、室外机组、管材、配件（分歧管等）进入现场的时间、存放的位置和保管注意事项等。

图5-3　设备进场、存放和保管要求

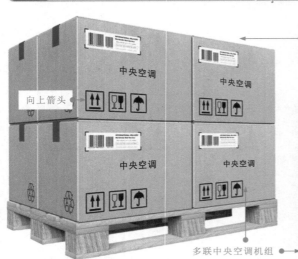

向上箭头

多联中央空调机组

室内机组、室外机组运输到安装现场后，必须严格按照要求放置，如必须按箭头方向正向堆放，避免引起内部零部件卡位而无法正常工作，堆放的层数也不要过高，避免压坏机器

制冷剂铜管在存放时应注意：若临时放置时，铜管必须放置在置物架上（距离地面300mm以上）

制冷剂管路封口存放

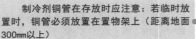

制冷剂管路放置时，各断面口必须封闭；短期存放可用胶布缠绕断面口封闭；超过1个月存放，应夹扁断面口并焊接封口

制冷剂管路防尘

5.2 多联式中央空调室内机的安装

5.2.1 多联式中央空调室内机的安装要求

室内机是多联式中央空调系统中的末端输出设备，用于直接向房间内输送冷/热风。室内机的选型、安装方式、安装位置等因素将直接影响整个中央空调系统的运行效果和能效，因此，正确安装多联式中央空调室内机是非常关键的环节。

❶ 室内机安装位置和安装空间要求

图5-4 多联式中央空调室内机的安装位置和安装空间要求

如图5-4所示，多联中央空调室内机主要有嵌入式、风管式和壁挂式，不同类型的室内机对安装位置和安装空间的要求也不同。

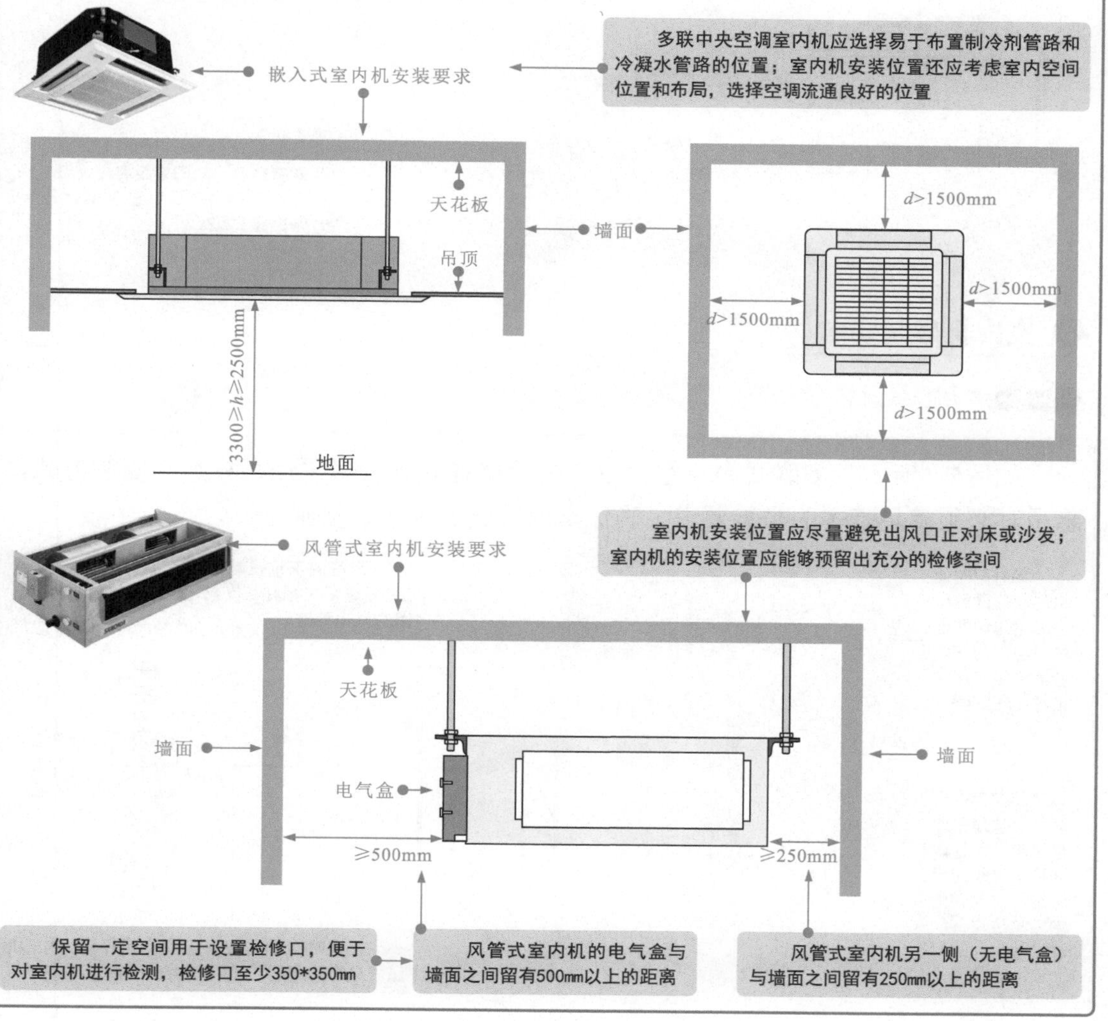

嵌入式室内机安装要求

多联中央空调室内机应选择易于布置制冷剂管路和冷凝水管路的位置；室内机安装位置还应考虑室内空间位置和布局，选择空调流通良好的位置

天花板

墙面

吊顶

$d>1500mm$

$d>1500mm$

$d>1500mm$

$d>1500mm$

$3300 \geqslant h \geqslant 2500mm$

地面

室内机安装位置应尽量避免出风口正对床或沙发；室内机的安装位置应能够预留出充分的检修空间

风管式室内机安装要求

天花板

墙面

墙面

电气盒

$\geqslant 500mm$

$\geqslant 250mm$

保留一定空间用于设置检修口，便于对室内机进行检测，检修口至少350*350mm

风管式室内机的电气盒与墙面之间留有500mm以上的距离

风管式室内机另一侧（无电气盒）与墙面之间留有250mm以上的距离

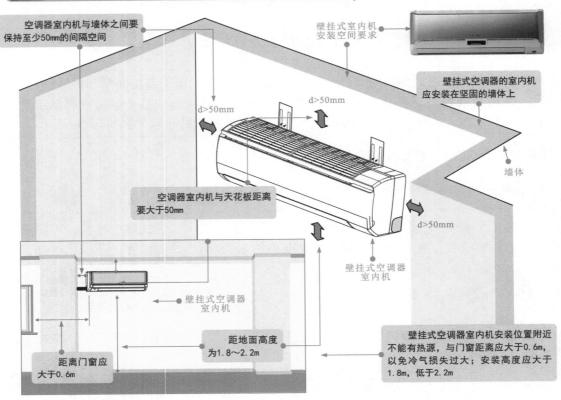

图5-4 多联式中央空调室内机的安装位置和安装空间要求（续）

空调器室内机与墙体之间要保持至少50mm的间隔空间

壁挂式室内机安装空间要求

d>50mm

d>50mm

壁挂式空调器的室内机应安装在坚固的墙体上

墙体

空调器室内机与天花板距离要大于50mm

d>50mm

壁挂式空调器室内机

壁挂式空调器室内机

距地面高度为1.8~2.2m

距离门窗应大于0.6m

壁挂式空调器室内机安装位置附近不能有热源，与门窗距离应大于0.6m，以免冷气损失过大；安装高度应大于1.8m，低于2.2m

❷ 室内机吊装要求

图5-5 室内机吊装的基本要求

如图5-5所示，多联式中央空调室内机除壁挂式外，多采用吊杆悬吊安装方式，悬吊时必须满足基本的吊装要求，确保室内机安装牢固、可靠。

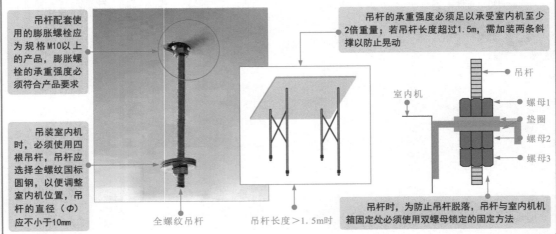

吊杆配套使用的膨胀螺栓应为规格M10以上的产品，膨胀螺栓的承重强度必须符合产品要求

吊杆的承重强度必须足以承受室内机至少2倍重量；若吊杆长度超过1.5m，需加装两条斜撑以防止晃动

吊杆

室内机

螺母1
垫圈
螺母2
螺母3

吊装室内机时，必须使用四根吊杆，吊杆应选择全螺纹国标圆钢，以便调整室内机位置，吊杆的直径（φ）应不小于10mm

全螺纹吊杆

吊杆长度>1.5m时

吊杆时，为防止吊杆脱落，吊杆与室内机机箱固定处必须使用双螺母锁定的固定方法

❸ 室内机防尘保护

如图5-6所示，多联式中央空调室内机的安装一般在室内装修前进行，因此，室内机安装完成后必须进行成品保护，即使用原包装袋或防尘布进行防护。

图5-6 室内机安装后的防尘保护方法

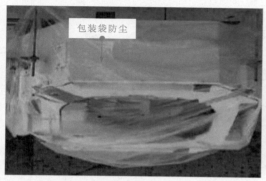
包装袋防尘

包装纸板防尘

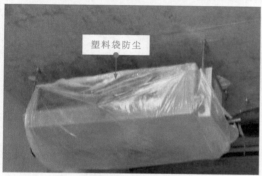
塑料袋防尘

防尘布防尘

多联式中央空调室内机安装时，除上述基本要求，还需要注意室内机必须单独固定，不可与其他设备、管线共用吊杆、吊架或悬挂在其他非专业吊杆上。安装时，需要搬运或吊起室内机时，不要将着力点放到树脂外壳上，不要破坏或划伤外壳。室内机要求水平安装，或允许排水管一侧稍低1~5mm。室内机装饰面板一角标有"冷媒配管"方向的部分应与室内机制冷剂管道接口处保持一致，且面板与室内机箱体之间应无缝隙。

❹ 室内机安装的基本步骤

图5-7 室内机安装的基本步骤

图5-7所示为多联式中央空调室内机的基本安装步骤。不同类型的室内机具体实施安装的细节有所不同。

确定安装位置和划线定位 ➡ 装悬吊吊杆或固定挂板 ➡ 安装室内机

5.2.2 壁挂式室内机的安装方法

壁挂式室内机是多联式中央空调系统中常用的末端设备之一，采用专用挂板紧贴墙壁悬挂的形式安装固定。

❶ 选定壁挂式室内机的安装位置和划线定位

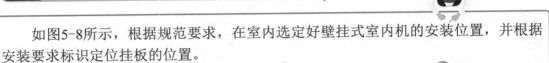
图5-8 壁挂式室内机安装位置的选定和划线定位

如图5-8所示，根据规范要求，在室内选定好壁挂式室内机的安装位置，并根据安装要求标识定位挂板的位置。

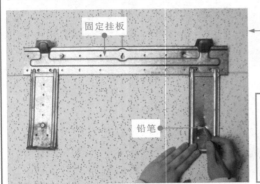

① 将固定挂板放置在安装区域内，并用铅笔在需要打孔的部位进行标记

② 将固定挂板上的所有安装孔都标记在预定的安装区域内

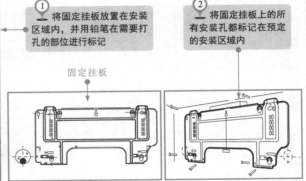

固定挂板

❷ 固定挂板

图5-9 壁挂式室内机挂板的固定方法

① 使用电钻在墙体划线标记处垂直打孔，安装胀管，将固定挂板的固定孔——与安装好的膨胀管对齐，并将固定螺钉拧入挂板固定孔及膨胀孔内，固定挂板安装完成

电钻

如图5-9所示，在标记定位处，钻孔打眼，安装和固定挂板。

② 使用水平尺测量挂板的安装是否到位，在正常情况下，出水口一侧应略低2mm左右

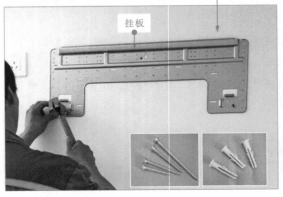

挂板

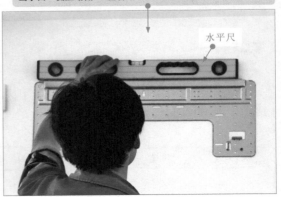

水平尺

❸ 安装壁挂式室内机

安装壁挂式室内机需先将其引出的制冷剂管路与冷凝水管加工处理，使其能够与系统制冷剂配管和冷凝水管连接，然后将其主机机体挂到挂板上即可。

图5-10 壁挂式室内机的制冷剂管路和冷凝水管的加工处理

如图5-10所示，根据实际安装位置，将壁挂式室内机制冷管路从方便与系统制冷剂配管连接的一端引出，同时延长冷凝水管至系统冷凝水管路位置。

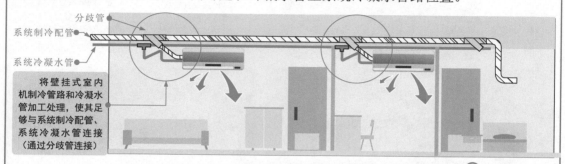

分歧管

系统制冷配管

系统冷凝水管

将壁挂式室内机制冷管路和冷凝水管加工处理，使其足够与系统制冷配管、系统冷凝水管连接（通过分歧管连接）

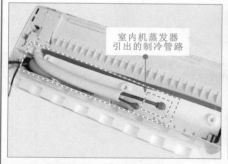

室内机蒸发器引出的制冷管路

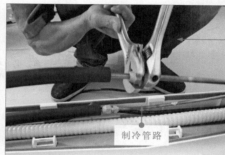

制冷管路

① 将壁挂式室内机蒸发器引出的制冷管路延长，从机体与系统制冷配管连接的一侧引出

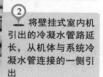

② 将壁挂式室内机引出的冷凝水管路延长，从机体与系统冷凝水管连接的一侧引出

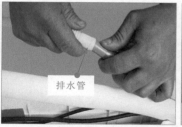

排水管

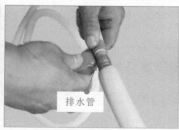

排水管

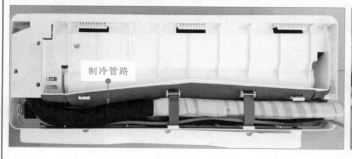

制冷管路

电源线

图5-11　壁挂式室内机的安装方法

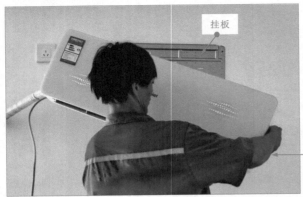

如图5-11所示，托举室内机到挂板位置，固定孔对准挂板，适当用力按压，完成室内机的安装固定。

挂板

① 将壁挂式室内机托举到挂板附近，使其背部卡扣对准固定好的挂板

② 用手抓住室内机的前端，将室内机压向固定挂板，直到听到"咔嚓"声，确保室内机牢固挂在固定挂板上

水平尺

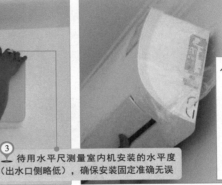

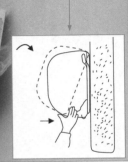

③ 待用水平尺测量室内机安装的水平度（出水口侧略低），确保安装固定准确无误

5.2.3　风管式室内机的安装方法

风管式室内机是多联式中央空调中常用的一种室内机类型，该类室内机一般采用吊杆悬吊的形式安装固定。

❶ 选定风管式室内机的安装位置并划线定位

图5-12　风管式室内机安装位置的确定和标识定位

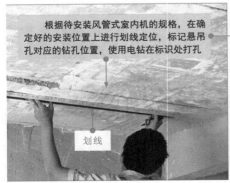

根据待安装风管式室内机的规格，在确定好的安装位置上进行划线定位，标记悬吊孔对应的钻孔位置，使用电钻在标识处打孔

划线

钻孔标识

电钻

如图5-12所示，根据安装规划和安装要求，确定风管式室内机的具体安装位置，标识出吊杆的位置，做好定位。

❷ 安装吊杆

图5-13 安装风管式室内机的吊杆

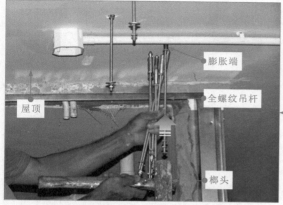

如图5-13所示，在钻好孔的位置将适合吊装规格的国标吊杆敲入钻孔中，并确定固定牢固可靠。

① 将全螺纹吊杆的膨胀端对准屋顶上已开凿的孔，使用榔头敲击底部，使全螺纹吊杆的膨胀端全部插入屋顶中

② 将全螺纹吊杆安装完成后，应当使用扳手将垫片下端的两个螺母取下

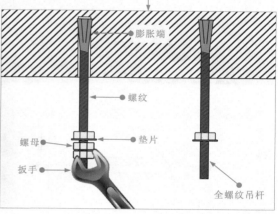

❸ 安装风管式室内机

如图5-14所示，将风管式室内机托举到待安装位置，使固定好的四根吊杆穿入室内机固定挂板中，垫好垫圈，拧紧两个螺母，完成安装。

图5-14 风管式室内机的安装方法

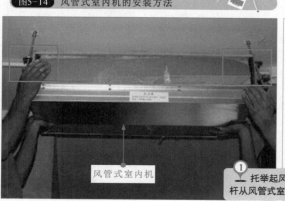

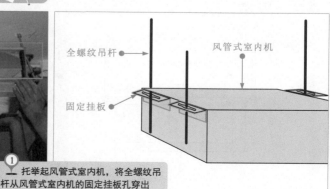

① 托举起风管式室内机，将全螺纹吊杆从风管式室内机的固定挂板孔穿出

图5-14 风管式室内机的安装方法（续）

② 将与吊杆配套的垫片、两个螺母拧入穿过风管式室内机固定挂板的一端，然后使用扳手将两个螺母用力紧固

③ 按照设计要求，逐一将四根吊杆全部紧固完成，紧固过程需要兼顾吊装要求，使室内机距离天花板高度符合要求（距离最短不可小于10mm），且整体保持水平

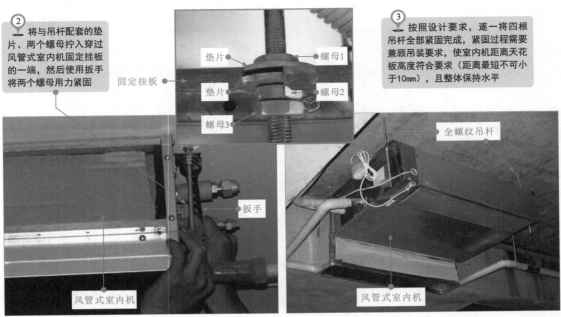

垫片　螺母1
固定挂板　垫片　螺母2
螺母3
扳手
风管式室内机

全螺纹吊杆
风管式室内机

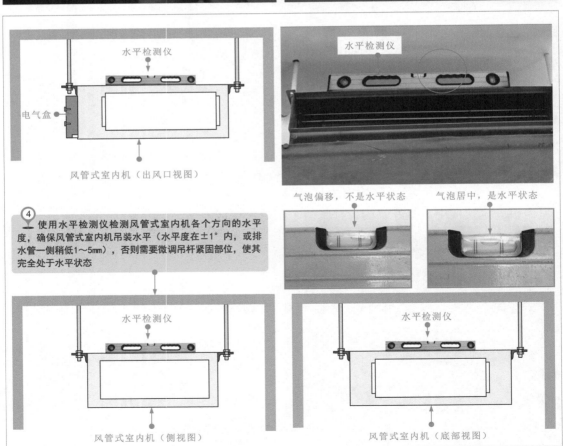

水平检测仪
电气盒
风管式室内机（出风口视图）

水平检测仪

气泡偏移，不是水平状态　　气泡居中，是水平状态

④ 使用水平检测仪检测风管式室内机各个方向的水平度，确保风管式室内机吊装水平（水平度在±1°内，或排水管一侧稍低1～5mm），否则需要微调吊杆紧固部位，使其完全处于水平状态

水平检测仪
风管式室内机（侧视图）

水平检测仪
风管式室内机（底部视图）

5.2.4 嵌入式室内机的安装方法

嵌入式室内机也是多联式中央空调系统中常常采用的一种室内机类型，该类室内机一般也是通过吊杆悬吊于天花板上实现安装固定，其安装方法与风管式室内机安装方法相似。

图5-15 嵌入式室内机的安装方法

如图5-15所示，安装嵌入式室内机时，也需要先选定安装位置、定位划线，然后安装吊杆，吊装机体完成安装。

划线定位

标识的钻孔位置

① 在选定的安装位置，以嵌入式室内机实际规格为依据，划线定位，标识出钻孔的位置

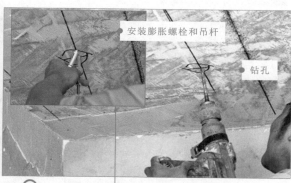

安装膨胀螺栓和吊杆

钻孔

② 使用电钻在定位处钻孔，并在钻好孔的位置敲入膨胀螺栓，安装四根吊杆（全螺纹国标吊杆）

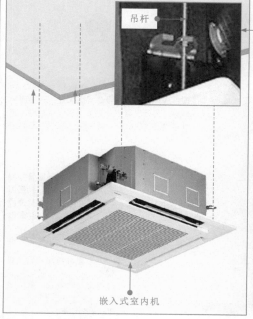

吊杆

嵌入式室内机

③ 将嵌入式室内机托举到安装位置，使四根吊杆传入机箱的安装孔中，放入垫片，拧入两个固定螺母，将箱体固定牢固

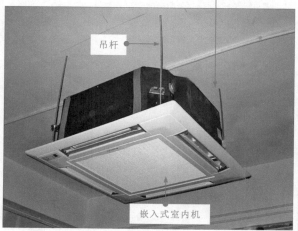

吊杆

嵌入式室内机

④ 使用水平测试仪检查嵌入式室内机安装是否保持水平。若检查倾斜度超出范围，需要立即调整，使室内机处于水平状态

5.3 多联式中央空调室外机的安装

5.3.1 多联式中央空调室外机的安装要求

多联式中央空调室外机的安装情况直接决定换热效果的好坏，并对中央空调高性能的发挥也起着关键的作用。为避免由于多联式中央空调室外机安装不当造成的不良后果，对室外机的安装位置、空间和基座也有一定要求。

❶ 室外机安装位置要求

图5-16 多联式中央空调室外机安装位置要求

多联式中央空调室外机

如图5-16所示，多联式中央空调室外机的安装位置选择需遵循基本的规范要求。

室外机应放置于通风良好且干燥的地方，不应安装在空间狭小的阳台或室内；室外机的噪音及排风不应影响到附近居民；室外机不应安装于多尘、多污染、多油污或含硫等有害气体成分高的地方

❷ 室外机安装空间要求

图5-17 多联式中央空调室外机安装空间总体要求

图5-17为多联式中央空调室外机的安装空间要求。

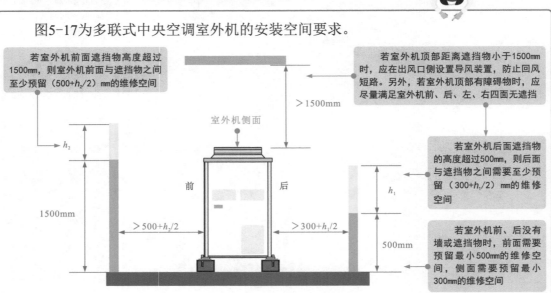

若室外机前面遮挡物高度超过1500mm，则室外机前面与遮挡物之间至少预留（500+h_2/2）mm的维修空间

若室外机顶部距离遮挡物小于1500mm时，应在出风口侧设置导风装置，防止回风短路。另外，若室外机顶部有障碍物时，应尽量满足室外机前、后、左、右四面无遮挡

室外机侧面

>1500mm

h_2

前 后

1500mm

>500+h_2/2

>300+h_1/2

h_1

500mm

若室外机后面遮挡物的高度超过500mm，则后面与遮挡物之间需要至少预留（300+h_1/2）mm的维修空间

若室外机前、后没有墙或遮挡物时，前面需要预留最小500mm的维修空间，侧面需要预留最小300mm的维修空间

图5-18 多联式中央空调单台室外机安装空间要求

图5-18为多联式中央空调单台室外机的安装空间要求。

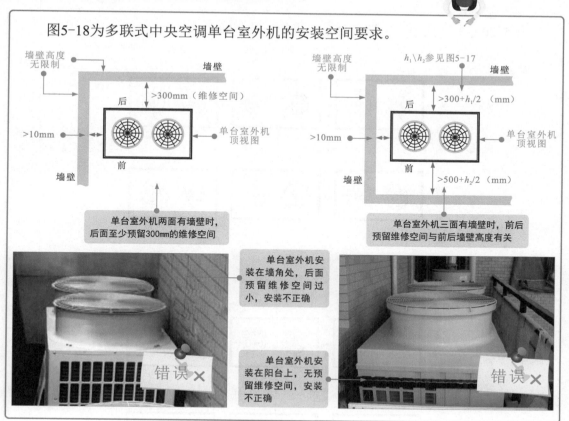

图5-19 多联式中央空调两台室外机安装空间要求

图5-19为多联式中央空调两台室外机的安装空间要求。

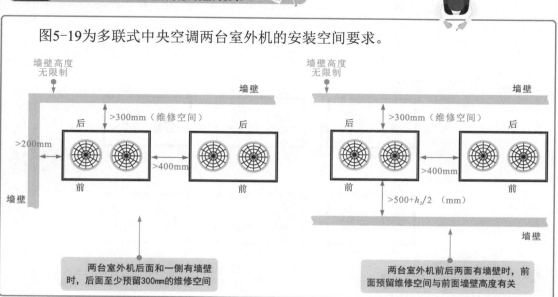

图5-20 多联式中央空调多台室外机安装空间要求

图5-20为多联式中央空调多台室外机的安装空间要求。

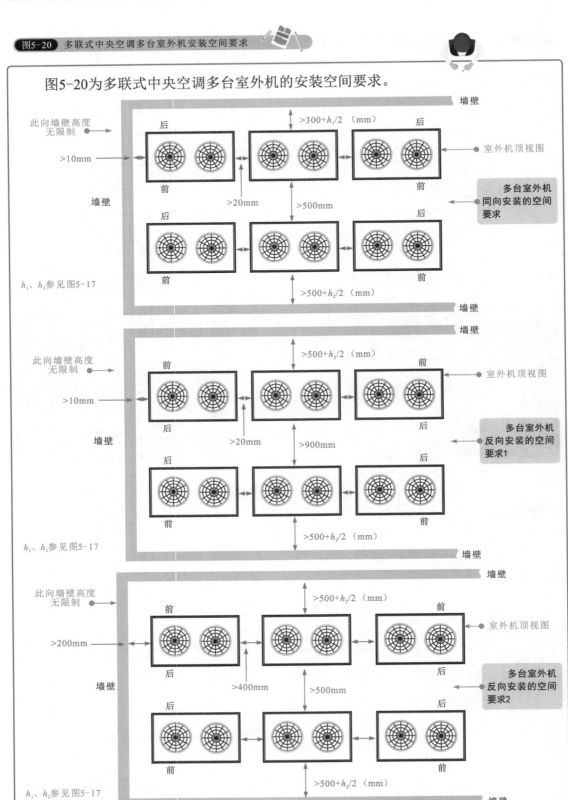

图5-21 多联式中央空调室外机安装空间的其他要求

如图5-21所示，当多台室外机同向安装时，一组最多允许安装6台室外机，相邻两组室外机之间的最小距离应不小于1m。另外，若室外机安装在不同楼层时，需要特别注意避免气流短路，必要时需要配置风管。

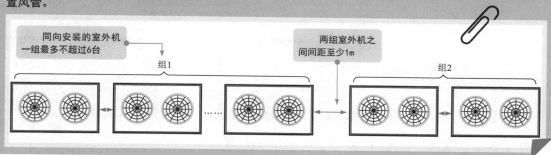

同向安装的室外机一组最多不超过6台

两组室外机之间间距至少1m

组1

组2

❸ 室外机基座的要求

室外机基座是承载和固定室外机的重要部分，基座的好坏以及安装状态也是影响多联式中央空调整个系统性能的重要因素。目前，多联式中央空调室外机基座主要有混凝土结构基座和槽钢结构基座两种。

图5-22 混凝土结构基座的基本要求

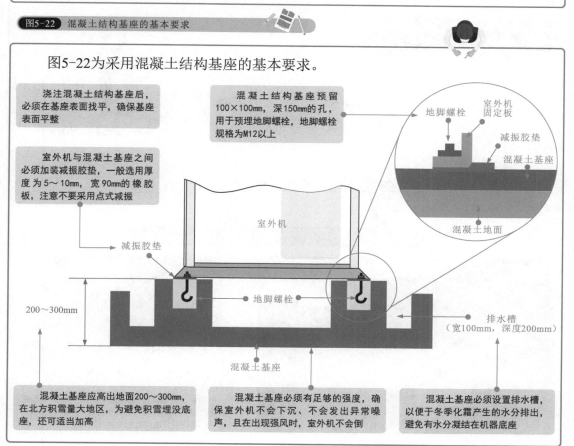

图5-22为采用混凝土结构基座的基本要求。

浇注混凝土结构基座后，必须在基座表面找平，确保基座表面平整

混凝土结构基座预留100×100mm，深150mm的孔，用于预埋地脚螺栓，地脚螺栓规格为M12以上

地脚螺栓　室外机固定板

减振胶垫

混凝土基座

室外机与混凝土基座之间必须加装减振胶垫，一般选用厚度为5～10mm，宽90mm的橡胶板，注意不要采用点式减振

室外机

混凝土地面

减振胶垫

地脚螺栓

200～300mm

排水槽（宽100mm，深度200mm）

混凝土基座

混凝土基座应高出地面200～300mm，在北方积雪量大地区，为避免积雪埋没底座，还可适当加高

混凝土基座必须有足够的强度，确保室外机不会下沉、不会发出异常噪声，且在出现强风时，室外机不会倒

混凝土基座必须设置排水槽，以便于冬季化霜产生的水分排出，避免有水分凝结在机器底座

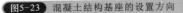 **图5-23** 混凝土结构基座的设置方向

如图5-23所示，混凝土基座的设置方向应该沿着室外机座横梁，不可垂直相交于横梁设置。

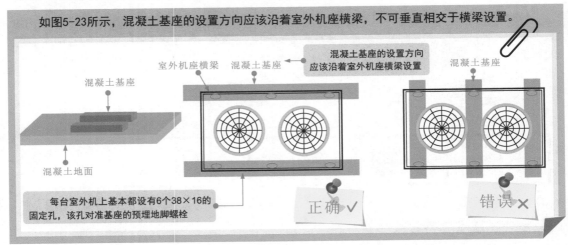

混凝土基座

室外机座横梁　混凝土基座

混凝土基座的设置方向应该沿着室外机座横梁设置

混凝土基座

混凝土地面

每台室外机上基本都设有6个38×16的固定孔，该孔对准基座的预埋地脚螺栓

正确 ✓

错误 ✗

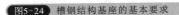 **图5-24** 槽钢结构基座的基本要求

图5-24为采用槽钢结构基座的基本要求。

室外机采用槽钢结构基座时，宜选择14#或更大规格的槽钢作为基座；槽钢上端预留有螺栓孔，用于与室外机固定孔对准固定连接

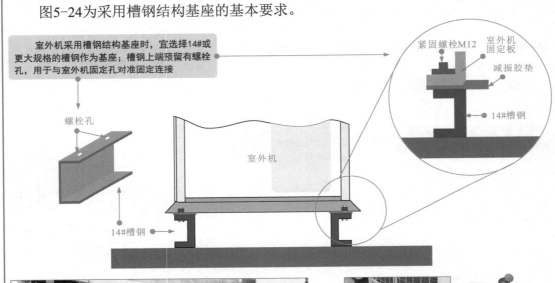

紧固螺栓M12　室外机固定板

减振胶垫

14#槽钢

螺栓孔

室外机

14#槽钢

减振胶垫

紧固螺栓

槽钢基座

错误 ✗

槽钢设置方向错误

采用槽钢结构基座时，基座上端用于与室外机主机固定板固定；基座下端需要固定，即需要将槽钢下部与被固定点采用焊接或预埋螺栓固定，要求焊接或固定牢固。

另外，应确保槽钢基座固定后，与室外机座接触面平整；槽钢基座的方向也必须与室外机座横梁水平，不可设置成垂直相交的状态

5.3.2 多联式中央空调室外机的安装方法

如图5-25所示，多联式中央空调室外机的安装方法与风冷式中央空调室外机的安装方法基本相同，即采用起吊设备将室外机吊运到符合安装要求的位置，使用国标规格的固定螺母、垫片将其固定在制作好的基座上即可。

图5-25 多联式中央空调室外机的安装方法

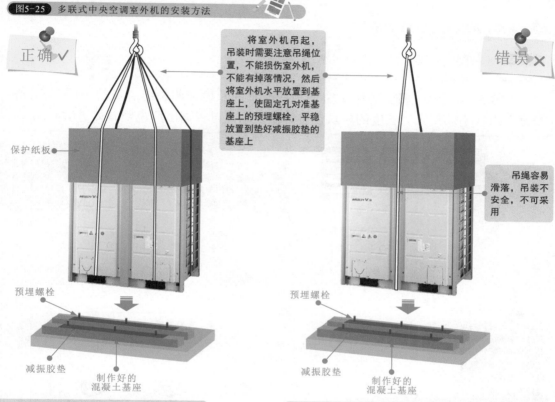

正确 ✓

将室外机吊起，吊装时需要注意吊绳位置，不能损伤室外机，不能有掉落情况，然后将室外机水平放置到基座上，使固定孔对准基座上的预埋螺栓，平稳放置到垫好减振胶垫的基座上

错误 ✗

保护纸板

预埋螺栓

减振胶垫

制作好的混凝土基座

吊绳容易滑落，吊装不安全，不可采用

预埋螺栓

减振胶垫

制作好的混凝土基座

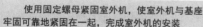

使用固定螺母紧固室外机，使室外机与基座牢固可靠地紧固在一起，完成室外机的安装

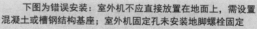

下图为错误安装：室外机不应直接放置在地面上，需设置混凝土或槽钢结构基座；室外机固定孔未安装地脚螺栓固定

地脚螺栓固定

错误 ✗

5.4 多联式中央空调室内机、室外机的连接

5.4.1 制冷剂配管的安装方法

多联式中央空调室内机与室外机之间通过制冷剂配管连接，实现制冷剂在室内机、室外机之间的循环回路。

❶ **制冷剂配管的长度要求**

图5-26 制冷剂配管的长度要求

如图5-26所示，多联式中央空调制冷配管的长度按照机组容量的不同有不同的长度要求（不同厂家对长度的要求也有细微差别，可根据出厂说明具体了解）。

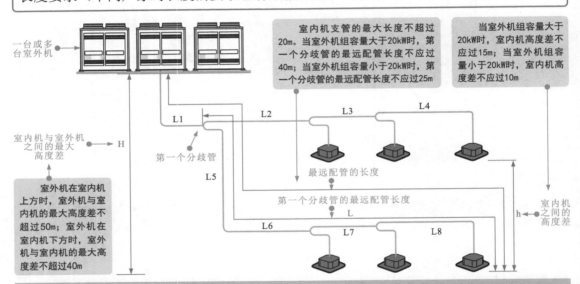

制冷剂配管长度要求中，等效长度是指在考虑了分歧管、弯头、回油弯等局部压力损失后换算后的长度。其计算公式为：**等效长度=配管长度+分歧管数量×分歧管等效长度+弯头数量×弯头等效长度+存油弯数量×存油弯等效长度。**

分歧管的等效长度一般按0.5m计算，弯头和存油弯的等效长度与管路管径有关，见表5-2所列。

表5-2 不同管径制冷管路弯头、存油弯的等效长度

例如，12HP的室外机，管道的实际长度为82m，管道直径为28.6mm，使用了14个弯管、2个存油弯，3个分歧管时，其等效长度为：82+0.5×14+3.7×2+0.5×3=97.9（m）	管径/mm	等效长度/m		管径/mm	等效长度/m		管径/mm	等效长度/m	
		弯头	存油弯		弯头	存油弯		弯头	存油弯
	Φ9.52	0.18	1.3	Φ22.23	0.40	3.0	Φ34.9	0.60	4.4
	Φ12.7	0.20	1.5	Φ25.4	0.45	3.4	Φ38.1	0.65	4.7
	Φ15.88	0.25	2.0	Φ28.6	0.50	3.7	Φ41.3	0.70	5.0
	Φ19.05	0.35	2.4	Φ31.8	0.55	4.0	Φ44.5	0.70	5.0
	分歧管	0.5							

不同容量机组的配管长度要求，见表5-3所列。

表5-3 不同容量机组的制冷剂配管长度要求

内容		容量大于等于60kW机组	容量大于等于20kW且小于60kW机组	容量小于20kW机组
R410A制冷剂系统		允许值	允许值	允许值
配管总长（实际长）		500m	300m	150m
最远配管长	实际长度	150m	100m	70m
	相当长度	175m	125m	80m
第一分歧到最远室内机配管相当长度L		40m	40m	25m
室内机-室外机落差	室外机在上	50m	50m	30m
	室外机在下	40m	40m	25m
室内机-室内机落差		15m	15m	10m

制冷剂配管主管直径对照表，见表5-4所列。

表5-4 制冷剂配管主管直径对照表

室外机容量	所有内机等效配管长度<90m		所有内机等效配管长度≥90m	
	室内机主配管尺寸/mm		室内机主配管尺寸/mm	
	液管	气管	液管	气管
8匹	Φ12.7	Φ22.2	Φ12.7	Φ25.4
10匹	Φ12.7	Φ25.4	Φ12.7	Φ25.4
12匹	Φ12.7	Φ28.6	Φ15.88	Φ28.6
14匹～16匹	Φ15.88	Φ28.6	Φ15.88	Φ31.8
18匹～22匹	Φ15.88	Φ31.8	Φ19.05	Φ31.8
24匹	Φ15.88	Φ34.9	Φ19.05	Φ34.9
26匹～32匹	Φ19.05	Φ34.9	Φ22.2	Φ38.1
34匹～48匹	Φ19.05	Φ41.3	Φ22.2	Φ41.3
50匹～72匹	Φ22.2	Φ44.5	Φ25.4	Φ44.5

❷ 制冷剂配管的连接要求

图5-27 制冷剂配管的连接要求

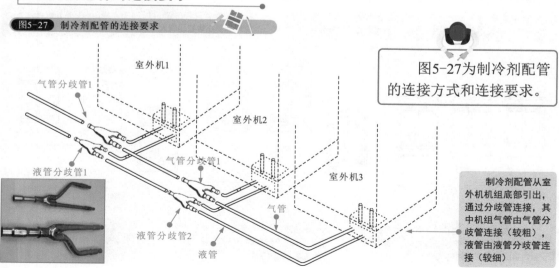

室外机1
气管分歧管1
室外机2
液管分歧管1
气管分歧管1
室外机3
液管分歧管2
气管
液管

图5-27为制冷剂配管的连接方式和连接要求。

制冷剂配管从室外机机组底部引出，通过分歧管连接，其中机组气管由气管分歧管连接（较粗），液管由液管分歧管连接（较细）

图5-27 制冷剂配管的连接要求（续）

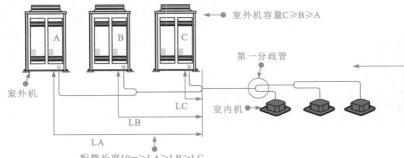

室外机容量C≥B≥A

第一分歧管

室外机

室内机

LC

LB

LA

配管长度10m>LA>LB>LC

多台室外机连接时，容量最大的室外机放置在距离第一分歧管最近一侧，其他机组根据容量大小按递减顺序排列。

另外，多台室外机构成的室外机组中容量最大的室外机为主机，其他为从机

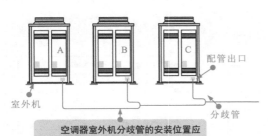

室外机

配管出口

分歧管

空调器室外机分歧管的安装位置应低于室外机配管的出口位置

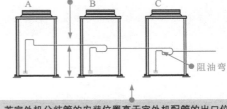

<300mm

阻油弯

若室外机分歧管的安装位置高于室外机配管的出口位置，则应注意分歧管距离室外机底部距离不可超过300mm，同时在室外机与分歧管之间应设置阻油弯（最小200mm）

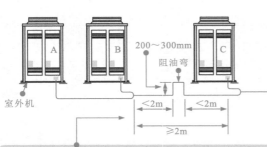

室外机

200～300mm

阻油弯

<2m   <2m

≥2m

当室外机配管长度大于2m时，应在气管上设置阻油弯（200～300mm），用以避免系统内的冷冻油积聚在单台室外机内

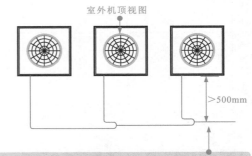

室外机顶视图

>500mm

若配管安装在室外机的前方，则应保持室外机与分歧管之间的最小垂直距离大于500mm（预留压缩机的维修空间）

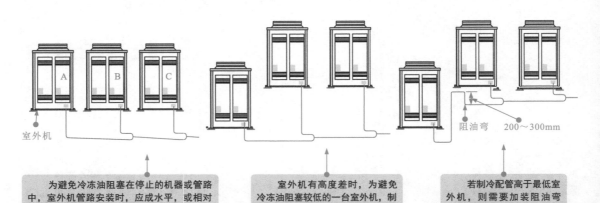

室外机

阻油弯   200～300mm

为避免冷冻油阻塞在停止的机器或管路中，室外机管路安装时，应成水平，或相对于室内机配管呈向下倾斜状态

室外机有高度差时，为避免冷冻油阻塞较低的一台室外机，制冷配管应低于最低一台室外机

若制冷配管高于最低室外机，则需要加装阻油弯（200～300mm）

❸ 制冷剂配管的施工要求

如图5-28所示，在制冷配管实际安装施工操作中，必须满足干燥、清洁、气密性三大基本原则。

图5-28 制冷剂配管的施工要求

制冷配管的施工要求

【原则一】	【原则二】	【原则三】
干燥：应保证配管内部无水分	清洁：应保证配管内部无脏污、杂质	气密性：应保证配管制冷剂无泄露
【不干燥主因】 ◆ 配管端部进水，如雨水 ◆ 管路水分结露	【不清洁主因】 ◆ 焊接时形成成氧化物 ◆ 灰尘、脏污侵入管内	【气密性差主因】 ◆ 焊接不良 ◆ 喇叭口或纳子连接不良
【可能引起的故障】 ◆ 膨胀阀等结冰 ◆ 冷冻油劣化，导致过滤器阻塞、压缩机故障	【可能引起的故障】 ◆ 膨胀阀、毛细管异常、冷冻油劣化 ◆ 不制冷、不制热、压缩机故障	【可能引起的故障】 ◆ 制冷剂不足、冷冻油劣化、压缩机过热 ◆ 不制冷、不制热、压缩机故障
【防止措施】 ◆ 配管端口保护 ◆ 配管清洁 ◆ 真空干燥	【防止措施】 ◆ 焊接时充入氮气（置换氮气） ◆ 配管清洁	【防止措施】 ◆ 按照规范焊接管路 ◆ 按照规范扩喇叭口 ◆ 按照规范纳子紧固连接

图5-29 制冷剂配管的清洁

如图5-29所示，为符合管路施工的基本要求，制冷剂配管在存放、加工和连接时需要注意端口保护、清洁和规范焊接。

充氮清洁

封口保护

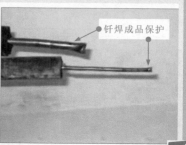

钎焊成品保护

❹ 分歧管的安装和连接要求

分歧管是将制冷管路进行分路的配件，按照规范要求正确安装和连接。分歧管也是制冷剂配管连接中的重要环节。

图5-30 分歧管的安装和连接要求

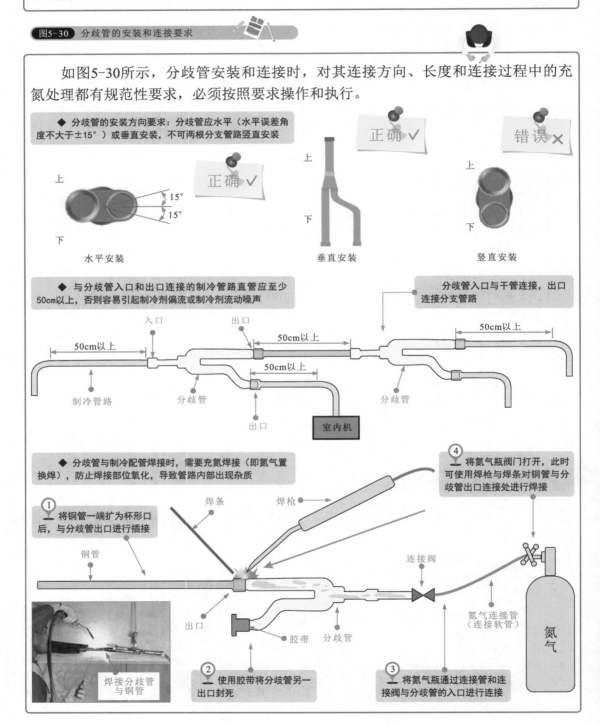

如图5-30所示，分歧管安装和连接时，对其连接方向、长度和连接过程中的充氮处理都有规范性要求，必须按照要求操作和执行。

◆ 分歧管的安装方向要求：分歧管应水平（水平误差角度不大于±15°）或垂直安装，不可两根分支管路竖直安装

正确 ✓

错误 ✗

正确 ✓

15°
15°

上
下
水平安装

上
下
垂直安装

上
下
竖直安装

◆ 与分歧管入口和出口连接的制冷管路直管应至少50cm以上，否则容易引起制冷剂偏流或制冷剂流动噪声

分歧管入口与干管连接，出口连接分支管路

入口   出口
50cm以上   50cm以上   50cm以上
50cm以上

制冷管路   分歧管   分歧管
出口
室内机

◆ 分歧管与制冷配管焊接时，需要充氮焊接（即氮气置换焊），防止焊接部位氧化，导致管路内部出现杂质

④ 将氮气瓶阀门打开，此时可使用焊枪与焊条对铜管与分歧管出口连接处进行焊接

焊条   焊枪

① 将铜管一端扩为杯形口后，与分歧管出口进行插接

铜管

连接阀

氮气连接管（连接软管）

氮气

出口   胶带   分歧管

焊接分歧管与铜管

② 使用胶带将分歧管另一出口封死

③ 将氮气瓶通过连接管和连接阀与分歧管的入口进行连接

5 存油弯的安装要求

图5-31 存油弯的安装要求

如图5-31所示，存油弯是制冷配管中一种为便于回油设置的管路附件。一般情况下，当中央空调室内机、室外机高度差大于10m时，需要在气管上设置存油弯，每间隔10m增加一个。

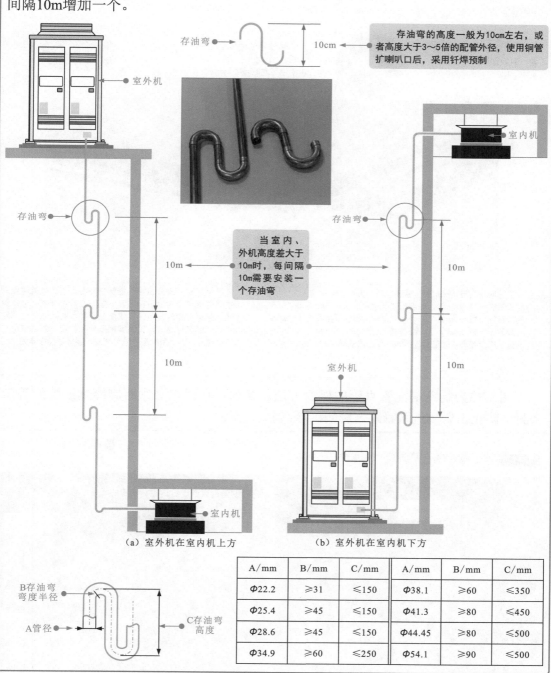

存油弯的高度一般为10cm左右，或者高度大于3~5倍的配管外径，使用铜管扩喇叭口后，采用钎焊预制

当室内、外机高度差大于10m时，每间隔10m需要安装一个存油弯

（a）室外机在室内机上方　　　（b）室外机在室内机下方

A/mm	B/mm	C/mm	A/mm	B/mm	C/mm
Φ22.2	≥31	≤150	Φ38.1	≥60	≤350
Φ25.4	≥45	≤150	Φ41.3	≥80	≤450
Φ28.6	≥45	≤150	Φ44.45	≥80	≤500
Φ34.9	≥60	≤250	Φ54.1	≥90	≤500

彩色图解中央空调安装、维修技能速成

6 制冷剂配管的保温要求

如图5-32所示，中央空调在制冷模式下时气管的温度很低，因管道散热会损失冷量并引起结露滴水；制热时管路温度很高，可能会引起烫伤。因此，综合各方面因素，制冷剂配管应按要求实施保温处理，以保证中央空调的制冷/制热效果。

图5-32 制冷剂配管的保温要求

保温材料应选择发泡聚乙烯，B1级别阻燃型，耐热温度大于120℃

必须将制冷剂配管中的气管和液管分开保温，然后再用维尼龙胶带缠到一起

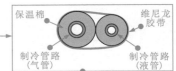

制冷配管保温层

保温材料厚度与制冷剂配管管径有关，当：
配管管径<15.88mm时，保温材料厚度宜选择≥15mm；
配管管径≥15.88mm且≤38.1mm时，保温材料厚度宜选择≥20mm；
配管管径≥38.1mm时，保温材料厚度宜选择≥25mm。
当处于温度较高或较低的地区时，保温层的厚度可适当加厚

室内机、室外机接口处和制冷剂配管焊接处需要系统进行气密性实验后再保温；配管连接、穿墙处必须保温；配管上的分支组件保温注意不能留有缝隙，应使用专用的配套保温套；保温管相接处和被切开处应使用专用胶粘好，然后用维尼龙胶带缠绕，以保证连接牢固

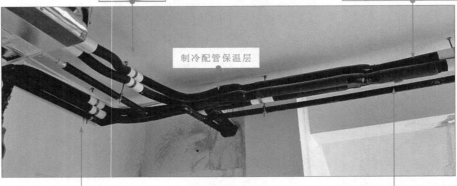

图5-33为制冷剂配管直管的保温方法。穿保温层时，必须将制冷剂配管的管口密封，防止由杂物进入管路，影响制冷/制热效果。

图5-33 直管的保温方法

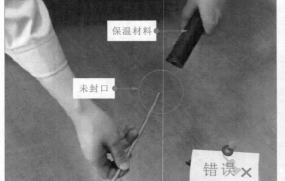

保温材料

未封口

错误✗

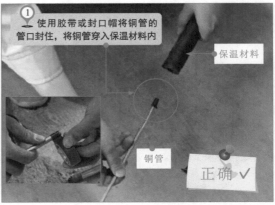

① 使用胶带或封口帽将铜管的管口封住，将铜管穿入保温材料内

保温材料

铜管

正确✓

图5-33 直管的保温方法（续）

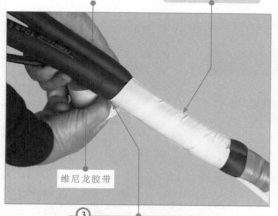

包有保温材料管的制冷管路

② 在绑扎维尼龙胶带时应当顺时针向上

维尼龙胶带

③ 使用维尼龙胶带将包有保温材料管的制冷管路以及信号线缆包裹在一起

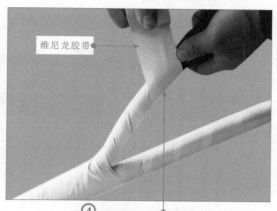

使用胶带封口的铜管

维尼龙胶带

④ 制冷管路中末端气管和液管分支处，需分别缠绕包裹，以便于制冷管路可以分别与室外机或室内机管路进行连接

图5-34 分歧管的保温方法

分歧管保温套

分歧管

① 将分歧管的保温套打开，并将其套在分歧管的外部

② 将分歧管保温套合并，即完成分歧管的保温操作

如图5-34所示，分歧管保温一般需要使用专用的分歧管保温套，然后将保温套的进、出口分别与直管的保温层连接，使用专用胶粘，然后缠布基胶带（宽度不小于50mm）。

③ 将保温套的进、出口分别与直管的保温层连接，使用专用胶粘，然后缠布基胶带（宽度不小于50mm）

④ 按照铜管的保温加工方法，使用维尼龙胶带将包有保温材料管的制冷管路以及信号线缆包裹在一起

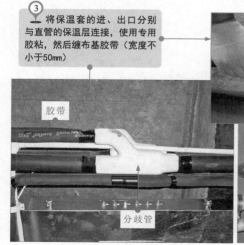

胶带

分歧管

分歧管

分歧管

图5-35 保温层切断部位的修补

如图5-35所示，当保温层因安装需要切断或两段保温层需要连接时，需按要求对接口处进行处理，确保连接可靠。

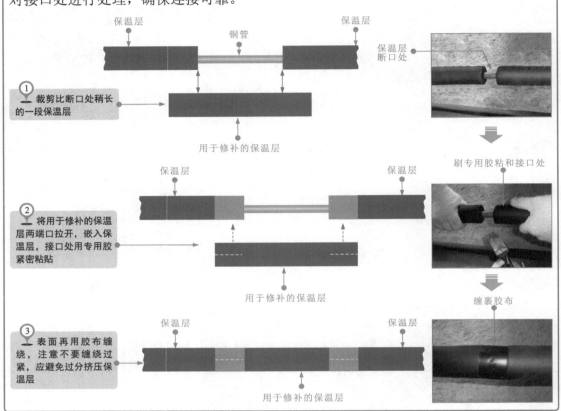

图5-36 室内机、室外机接口处保温处理

如图5-36所示，室内机、室外机接口处保温需要在气密性实验后进行，处理接口处的保温层时，要求保温层与机体之间不能有间隙。

❼ 管路的固定要求

如图5-37所示，管路可直接固定在墙壁上，也可将其水平或垂直进行吊装。常用于辅助固定的附件主要有金属卡箍、U形管卡、角钢支架、托架或圆钢吊架等。

图5-37 管路的固定要求

横管固定：横管可采用金属卡箍、U形管卡、角钢支架、角钢托架或圆钢吊架固定。应注意，U形管卡应用扁钢制作；角钢支架、角钢托架或圆钢吊架需做防腐防锈处理

铜管外径/mm	Φ<12.7	Φ>12.7
吊支架间距/m	1.2	1.5

金属卡箍

吊装配管

吊装配管

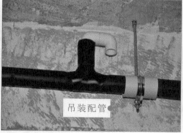
吊装配管

角钢托架

竖管固定：竖管一般采用U形管卡每间隔2.5m以内固定。管卡处应使用圆木垫代替保温材料。U形管卡应卡住圆木垫外固定，且应对圆木垫进行防腐处理

圆木垫

U形管卡

局部管固定：局部管是指制冷剂配管中的弯管、分歧管、室内机接口管和穿墙管等，这些比较特殊的管路部分，对管路固定的方式有一定要求

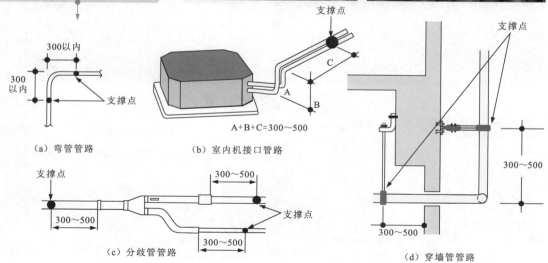

（a）弯管管路

（b）室内机接口管路

（c）分歧管管路

（d）穿墙管管路

A+B+C=300~500

❽ 室内机与配管的连接

如图5-38所示，多联式中央空调室内机与制冷剂配管之间多采用扩口连接方式。连接时，应首先将配管的液管连接至室内机的液管连接口，配管的气管连接至室内机的气管连接口，室内管路中的排水管连接风管式室内机的排水孔。

图5-38 室内机与配管的连接方法

室内管路液管
室内管路气管
扩管器

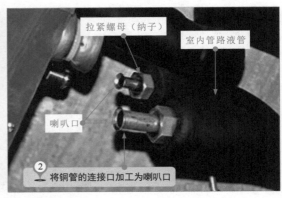

拉紧螺母（纳子）
室内管路液管
喇叭口

② 将铜管的连接口加工为喇叭口

① 将需要连接的室内管路管口扩为喇叭口应当使用扩管器夹板夹住铜管，使用顶压器对管路进行扩管

③ 将配管的气管与室内机气管的连接孔连接

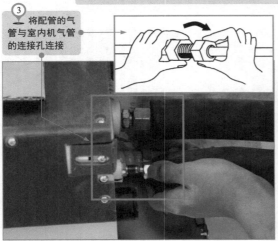

④ 使用力矩扳手将连接管路管口处的拉紧螺母拧紧，防止管路出现泄漏

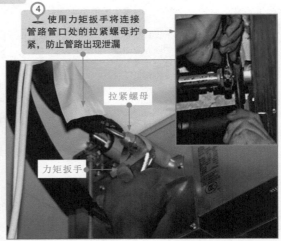

拉紧螺母
力矩扳手

⑤ 接下来，还需将排水管与室内机上的排水口连接好。当管路连接后，使用保温材料管将连接管口处进行包裹防止冷凝水的形成。至此，室内机管路的连接基本完成

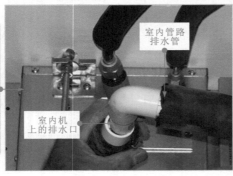

室内管路排水管
室内机上的排水口

制冷剂液管
制冷剂气管
排水管
风管式室内机

5.4.2 冷凝水管的安装方法

冷凝水管是多联式中央空调室内机排水的重要通道。安装冷凝水管应遵循1/100坡度、合理管径和就近排水三大基本原则进行。

❶ 冷凝水管安装坡度要求

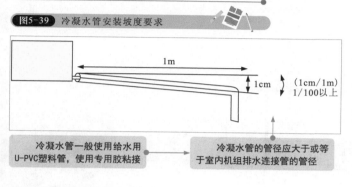

图5-39 冷凝水管安装坡度要求

1m
1cm （1cm/1m）1/100以上

冷凝水管一般使用给水用U-PVC塑料管，使用专用胶粘接

冷凝水管的管径应大于或等于室内机组排水连接管的管径

如图5-39所示，为避免冷凝水管路形成气袋，管道要尽量短，且保持1/100下垂坡度；若无法满足下垂坡度，可选择大一号配管，利用管径做坡度。

❷ 冷凝水管的固定

如图5-40所示，冷凝水管固定时需要根据要求设置支撑，防止水管弯曲产生气袋，且必须与室内其他水管路分开安装。

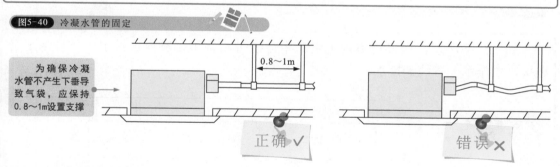

图5-40 冷凝水管的固定

为确保冷凝水管不产生下垂导致气袋，应保持0.8～1m设置支撑

0.8～1m

正确✔

错误✗

❸ 冷凝水管的连接方式

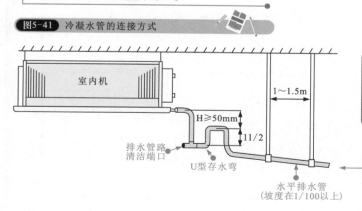

图5-41 冷凝水管的连接方式

室内机

1～1.5m

H≥50mm
11/2

排水管路清洁端口
U型存水弯
水平排水管（坡度在1/100以上）

如图5-41所示，冷凝水管安装主要有自然排水安装和提升排水安装两种方式。

自然排水时，排水管应当向下50mm以后形成存水弯，并且存水弯的高度为排水管向下一半的距离

图5-41 冷凝水管的连接方式（续）

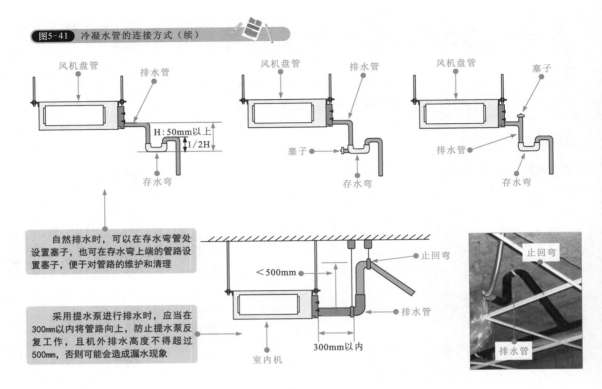

风机盘管　排水管

H：50mm以上
1/2H

存水弯

风机盘管　排水管

塞子

存水弯

风机盘管　塞子

排水管

存水弯

自然排水时，可以在存水弯管处设置塞子，也可在存水弯上端的管路设置塞子，便于对管路的维护和清理

采用提水泵进行排水时，应当在300mm以内将管路向上，防止提水泵反复工作，且机外排水高度不得超过500mm，否则可能会造成漏水现象

＜500mm

止回弯

排水管

300mm以内

室内机

止回弯

排水管

❹ 集中排水汇流方式

图5-42 室内机集中排水汇流方式

如图5-42所示，当多台室内机组集中排水时，将每台室内机排水管与排水干管连接，由排水干管统一排水。

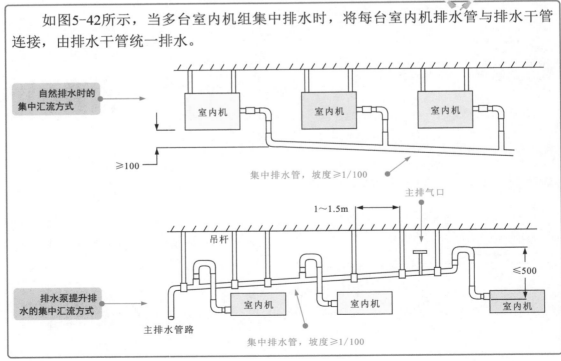

自然排水时的集中汇流方式

室内机　　室内机　　室内机

≥100

集中排水管，坡度≥1/100

主排气口

1～1.5m

吊杆

≤500

排水泵提升排水的集中汇流方式

主排水管路

室内机　　室内机　　室内机

集中排水管，坡度≥1/100

图5-43为室内机组排水管与主干管横向、竖向连接时的基本方法和要求。

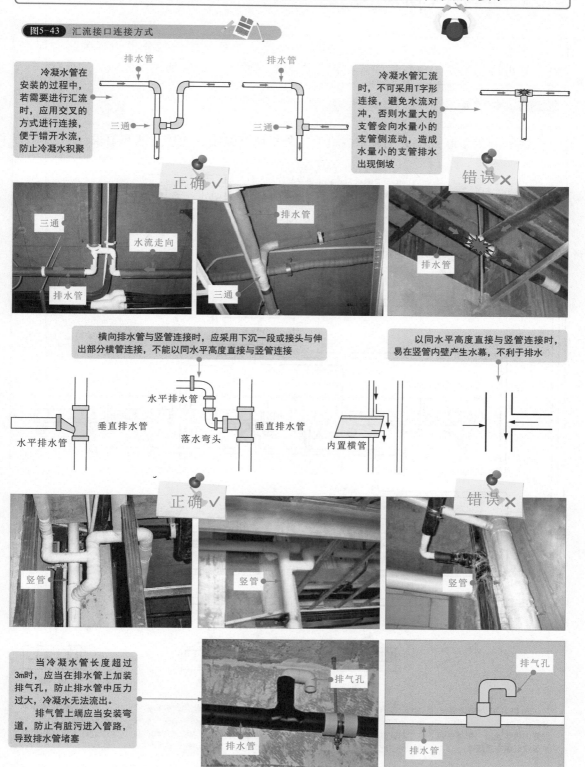

图5-43 汇流接口连接方式

冷凝水管在安装的过程中，若需要进行汇流时，应用交叉的方式进行连接，便于错开水流，防止冷凝水积聚

排水管

三通

冷凝水管汇流时，不可采用T字形连接，避免水流对冲，否则水量大的支管会向水量小的支管侧流动，造成水量小的支管排水出现倒坡

正确 ✓

三通

水流走向

排水管

排水管

三通

错误 ✗

排水管

横向排水管与竖管连接时，应采用下沉一段或接头与伸出部分横管连接，不能以同水平高度直接与竖管连接

以同水平高度直接与竖管连接时，易在竖管内壁产生水幕，不利于排水

水平排水管

垂直排水管

水平排水管

落水弯头

垂直排水管

内置横管

正确 ✓

竖管

竖管

错误 ✗

竖管

当冷凝水管长度超过3m时，应当在排水管上加装排气孔，防止排水管中压力过大，冷凝水无法流出。

排气管上端应当安装弯道，防止有脏污进入管路，导致排水管堵塞

排气孔

排水管

排气孔

排水管

5.4.3 电气线缆的连接方法

多联式中央空调室内、外机之间除了管路连接外，电气部分也相互关联实现室内、外机协调工作。电气线缆连接包括电源线（强电）和控制线（弱电）的连接。

图5-44　多联式中央空调室内机、室外机电气线缆的连接

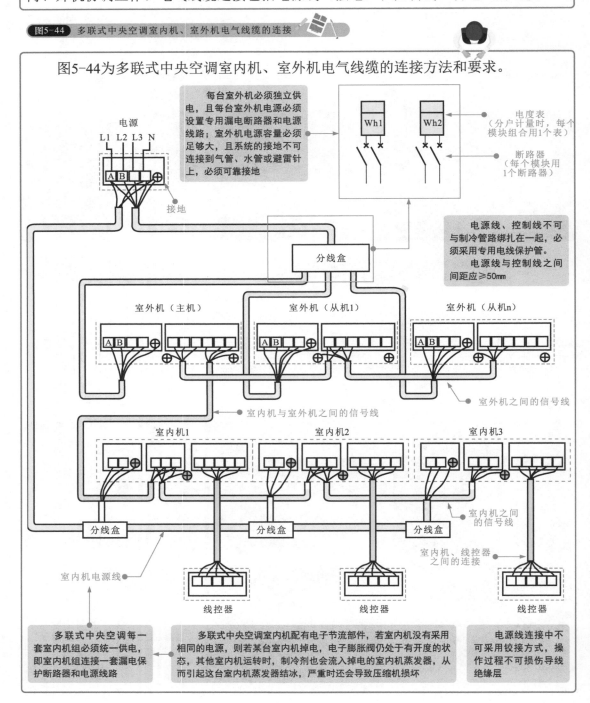

图5-44为多联式中央空调室内机、室外机电气线缆的连接方法和要求。

每台室外机必须独立供电，且每台室外机电源必须设置专用漏电断路器和电源线路；室外机电源容量必须足够大，且系统的接地不可连接到气管、水管或避雷针上，必须可靠接地

电度表（分户计量时，每个模块组合用1个表）

断路器（每个模块用1个断路器）

电源

接地

分线盒

电源线、控制线不可与制冷管路绑扎在一起，必须采用专用电线保护管。电源线与控制线之间间距应≥50mm

室外机（主机）　　室外机（从机1）　　室外机（从机n）

室外机之间的信号线

室内机与室外机之间的信号线

室内机1　　室内机2　　室内机3

室内机之间的信号线

分线盒　　分线盒　　分线盒

室内机、线控器之间的连接

室内机电源线

线控器　　线控器　　线控器

多联式中央空调每一套室内机组必须统一供电，即室内机组连接一套漏电保护断路器和电源线路

多联式中央空调室内机配有电子节流部件，若室内机没有采用相同的电源，则若某台室内机掉电，电子膨胀阀仍处于有开度的状态，其他室内机运转时，制冷剂也会流入掉电的室内机蒸发器，从而引起这台室内机蒸发器结冰，严重时还会导致压缩机损坏

电源线连接中不可采用铰接方式，操作过程不可损伤导线绝缘层

5.5 多联式中央空调的安装验收和调试

5.5.1 配管的安装验收

如图5-45所示，多联式中央空调配管安装施工完成后，需要进行必要的验收、调试操作，确保管路系统安装无误，能够准备投入使用。

图5-45 多联式中央空调管路部分的安装验收

多联式中央空调管路部分的安装验收

【制冷剂配管保温施工检查】
◆ 检查所有配管尺寸是否正常；
◆ 检查保温施工是否完成（重点检查接口部分）

【气密性实验和真空干燥确认】
◆ 进行气密性实验，确保管路回路无任何泄露情况
◆ 使用真空泵进行真空干燥，确保管路无水分

【检查追加制冷剂】
◆ 真空干燥之后，截止阀打开之前进行制冷剂追加
◆ 定量向制冷剂管路中追加制冷剂

【检查截止阀】
◆ 检查气、液截止阀是否按要求开启
◆ 若为室外机还需检查平衡管截止阀是否开启

5.5.2 电气连接部分的安装验收

图5-46 多联式中央空调电气连接部分的安装验收

多联式中央空调电气连接部分的安装验收

【电源线路】
◆ 检查电源线线径选择是否正确
◆ 检查连接是否紧固

【控制配线】
◆ 检查控制配线类型选择是否正确
◆ 检查连接是否紧固

【接地系统】
◆ 检查接地线连接是否准确
◆ 检查电气线路绝缘是否良好

如图5-46所示，多联式中央空调电气线路连接施工完成后，需要进行必要的验收、调试操作，确保电气系统安装无误，能够准备投入使用。

5.5.3 通电调试

图5-47 多联式中央空调系统的通电调试

多联式中央空调系统的通电调试

【通电开机】
◆ 对整个系统送电预热6小时以上
◆ 确认自检是否正常

【现场设定】
◆ 选定冷暖切换优先遥控器
◆ 按照工况要求设定内容和代码

【运行测试】
◆ 进入正常模式运转，确认室内、外机组能正常运行，冷热风正常
◆ 控制正常

如图5-47所示，多联式中央空调各管路、电气系统安装、连接、检验等环节完成，确认无误后，还需要进行通电调试，使系统处于最优状态

第6章
中央空调的故障特点和检修分析

6.1 风冷式中央空调的故障特点和检修分析

6.1.1 风冷式中央空调高压保护的故障特点和检修分析

如图6-1所示，风冷式中央空调高压保护故障表现为中央空调系统不启动，压缩机不动作，空调机组显示高压保护故障代码。

图6-1 风冷式中央空调高压保护故障的特点

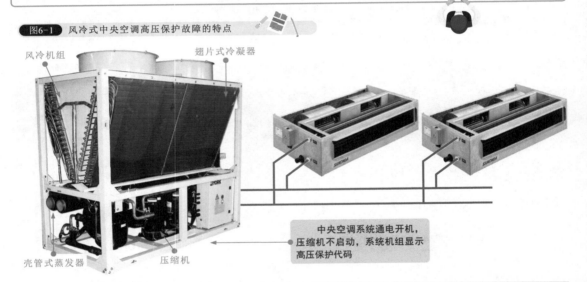

风冷机组　　　　　翅片式冷凝器

壳管式蒸发器　　　压缩机

中央空调系统通电开机，压缩机不启动，系统机组显示高压保护代码

风冷式中央空调管路系统中，当系统高压超过2.35MPa时，则会出现高压保护，此时对应系统故障指示灯亮，应立即关闭报警提示的压缩机。

出现该类高压保护故障后，一般需要手动清除故障，才能再次开机。

风冷式中央空调系统中设有多个检测开关，如高压开关、低压开关、水流开关、压缩机过流开关、风机过流开关、温度传感器（环境、排气、吸气、进水、化霜温度、出水温度、制冷节流点温度）等。

◆ 高、低压用于判断中央空调的系统压力。当系统压力异常时，高、低压开关断开，电路部分接收到压力开关断开的信号，控制系统不启动或停机，同时将信号传递到显示板，显示板故障指示灯亮。

◆ 水流开关用于判断室内机水循环系统中水流量。当水流量过低时，水流开关断开，电路部分接收水流断开信号，控制水泵停止工作，机组不启动或停机，同时传递到显示板，显示故障信息。

◆ 压缩机过流开关用于判断压缩机的运行电流。当电流过大时，压缩机过流开关断开，电路部分接收到断开信号，控制系统不启动或停机，同时将信号传递到显示板，显示故障信息。

◆ 风冷式中央空调中设有多个温度传感器，分别用于检测环境温度、排气温度、吸气温度、进水温度、化霜温度、出水温度、制冷节流点温度等，任何一处温度不正常，都会将信号送至电路部分，由电路控制系统不启动或停机，并且显示板将显示出相应的故障信息。

图6-2 风冷式中央空调高压保护故障的检修流程

图6-2为风冷式中央空调高压保护故障的检修流程。

风冷式中央空调高压保护故障的分析流程

检查制冷和制热运行模式是否正常 — 否 → 调整中央空调系统的运行模式

↓ 是

制冷时查室外风机运转是否正常 — 否 → 检查风机

制热时查水泵是否开启并检查截止阀开度 — 否 → 打开水泵调整截止阀开度，保证流量充足

↓ 是

查膨胀阀是否损坏（毛细管断裂或泄露） — 是 → 更换膨胀阀

↓ 否

查压力开关是否损坏或接线松脱 — 是 → 更换压力开关或重新接线

↓ 否

制冷时查室外翅片式冷凝器是否过脏或老化 — 是 → 清洗翅片式冷凝器

制热时查壳管式蒸发器是否结垢严重 — 是 → 清洗壳管式蒸发器

↓ 否

查单向阀是否堵塞 — 是 → 清堵或更换单向阀

↓ 否

查水管路系统水流量是否较小 — 是 → 调整水管路系统设计

↓ 否

查水管路系统中是否存在空气 — 是 → 排空，必要时重新抽真空

↓ 否

查是否为高压保护控制误报警 — 是 → 若频繁发生，则需要更换主控电路板

水泵

排水阀

自动补水阀

清洗翅片式冷凝器

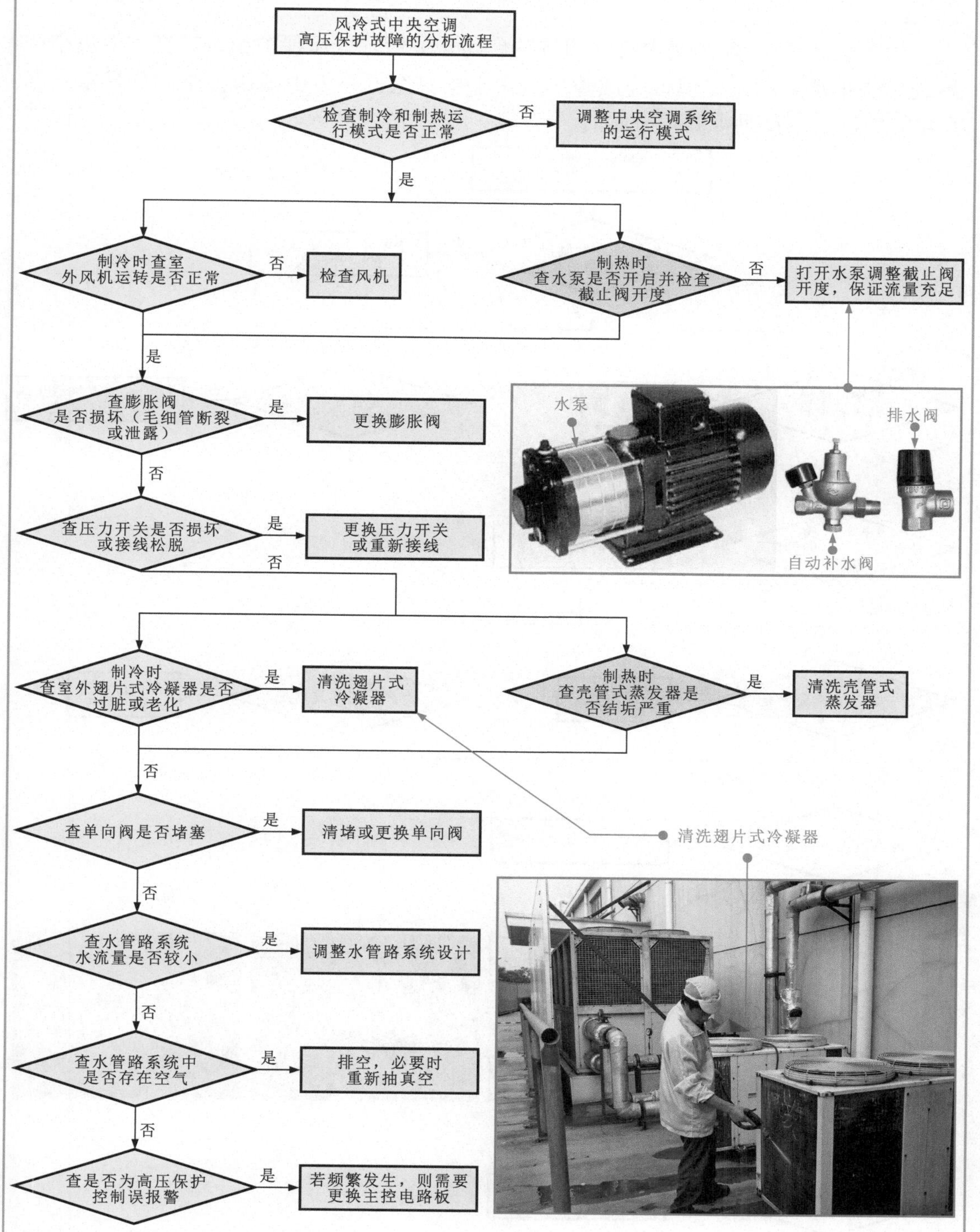

6.1.2 风冷式中央空调低压保护的故障特点和检修分析

图6-3 风冷式中央空调低压保护的故障特点和检修流程

如图6-3所示，风冷式中央空调按下启动开关后，低压保护指示灯亮，中央空调系统无法正常启动，出现该类故障多是由于中央空调系统中低压管路部分异常、存在堵塞情况或制冷剂泄漏等引起的。

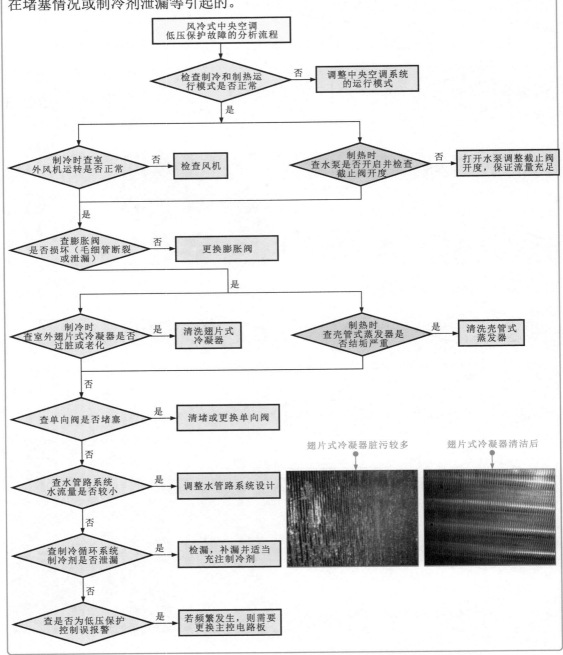

6.2 水冷式中央空调的故障特点和检修分析

6.2.1 水冷式中央空调无法启动的故障特点和检修分析

图6-4 水冷式中央空调无法启动的故障特点

　　如图6-4所示，水冷式中央空调无法启动的故障特点主要表现为压缩机不启动、开机出现过载保护、过压保护、低压保护、缺相保护等，造成水冷式中央空调出现该类故障现象通常是由于其管路部件和电路系统异常所引起的。

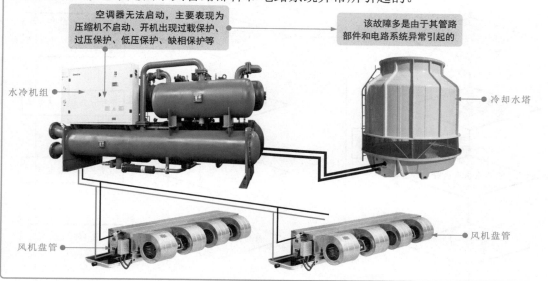

空调器无法启动，主要表现为压缩机不启动、开机出现过载保护、过压保护、低压保护、缺相保护等

该故障多是由于其管路部件和电路系统异常引起的

水冷机组

冷却水塔

风机盘管　　　　　　　　　　　　　　　风机盘管

❶ 水冷式中央空调缺相保护导致不启动故障的检修流程

图6-5 水冷式中央空调缺相保护导致不启动故障的检修流程

```
        商用中央空调
      缺相保护故障分析流程
            │
            ▼
调整其中任意两相线 ◄─是─ 检查主电源相序
                       是否接错
            │否
            ▼
检查电源或重新接线 ◄─是─ 检查主电源是否缺相
                      （一相接线异常）
            │否
            ▼
更换缺相保护继电器 ◄─是─ 检查缺相保护继 ─否► 查是否为缺相保护 ─是► 若频繁发生，则需要
                      电器是否损坏        控制误报警        更换主控电路板
```

　　如图6-5所示，中央空调按下启动开关后，缺相保护指示灯亮，中央空调系统无法正常启动，出现该类故障多是由于中央空调电路系统中三相线接线错误或缺相等引起的。

❷ 水冷式中央空调压缩机不启动故障的检修流程

图6-6 水冷式中央空调压缩机不启动故障的检修流程

如图6-6所示，水冷式中央空调接通电源后，按下启动开关，压缩机不启动，出现该故障主要是由电源供电线路异常、压缩机控制线路继电器及相关部件损坏、中央空调系统中存在过载以及压缩机本身故障引起的。

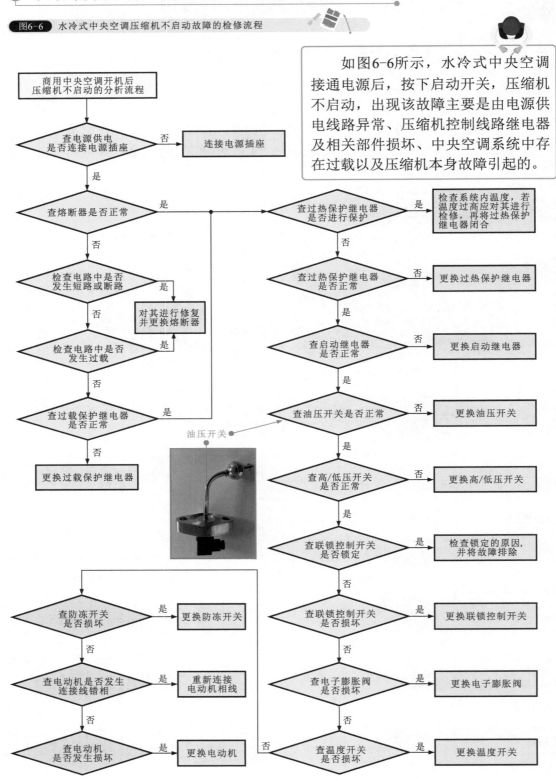

❸ 水冷式中央空调过载保护故障的检修流程

 图6-7 水冷式中央空调过载保护故障的检修流程

如图6-7所示，水冷式中央空调按下启动开关后，过载保护继电器跳闸，中央空调系统无法启动，出现该类故障主要是由于整个中央空调系统中的负载可能存在短路、断路或超载现象，如电路中电源接地线短路、压缩机卡缸引起负载过重、供电线路接线错误或线路设计中的电器部件参数不符合系统等。

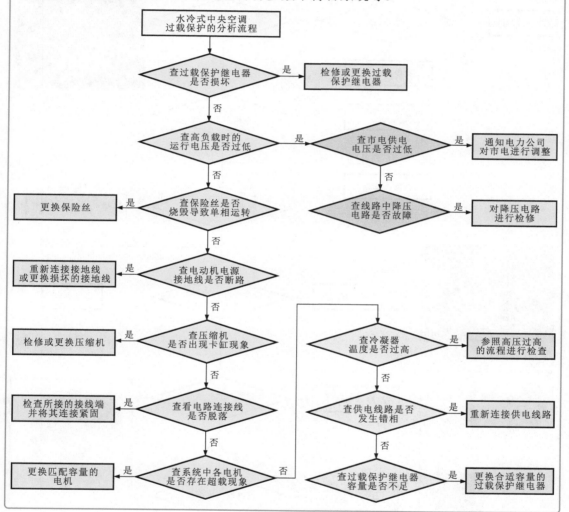

❹ 水冷式中央空调高压保护故障的检修流程

水冷式中央空调按下启动开关后，高压保护指示灯亮，中央空调系统无法正常启动，出现该类故障多是由于中央空调系统中高压管路部分异常或存在堵塞情况引起的。

图6-8　水冷式中央空调高压保护故障的检修流程

图6-8所示为水冷式中央空调高压保护故障的检修流程。

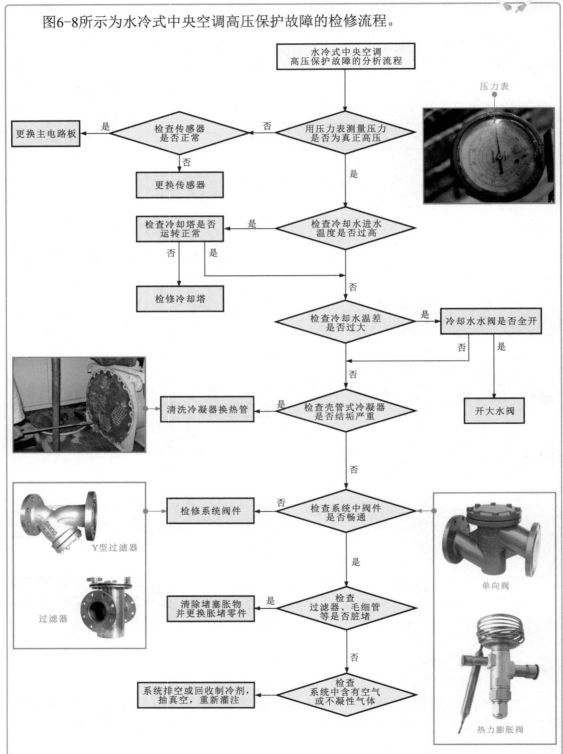

❺ 水冷式中央空调低压保护故障的检修流程

 图6-9 水冷式中央空调低压保护故障的检修流程

如图6-9所示，水冷式中央空调按下启动开关后，低压保护指示灯亮，中央空调系统无法正常启动，出现该类故障多是由于中央空调系统中温度传感器、水温设置异常、水流量异常、系统阀件阻塞、制冷剂泄露等原因引起的。

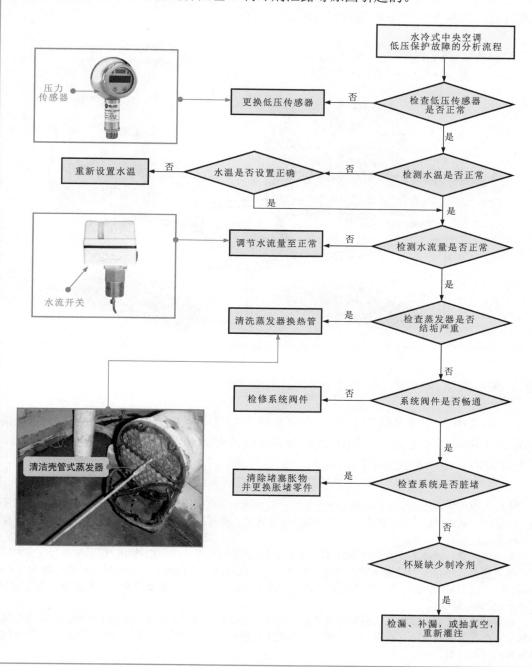

6.2.2　水冷式中央空调制冷或制热效果差的故障特点和检修分析

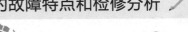

图6-10　水冷式中央空调制冷或制热效果差的故障特点

　　如图6-10所示，水冷式中央空调制冷或制热效果差的故障特点主要表现为制冷时温度偏高、制热时温度偏低等，在空调机组上表现为压缩机进、排气口的压力过高或过低等，其多与管路系统及制冷剂的状态有关。

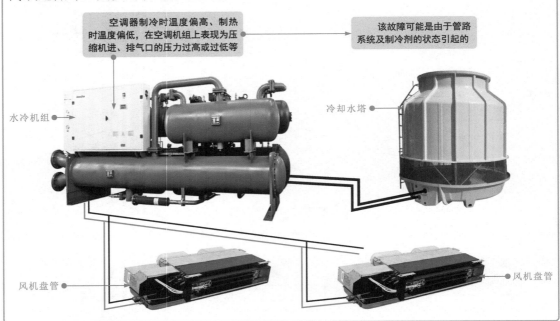

空调器制冷时温度偏高、制热时温度偏低，在空调机组上表现为压缩机进、排气口的压力过高或过低等

该故障可能是由于管路系统及制冷剂的状态引起的

水冷机组

冷却水塔

风机盘管　　　　　　　　　　　　　　　　　　　风机盘管

❶ 管路系统高压（排气压力）过高故障的检修流程

　　水冷式中央空调系统运行中，管路系统上的排气压力表显示高压过高，空调系统的制冷和制热效果差，出现该类故障多是由冷却水流量小或冷却水温度高、制冷剂充注过多、冷负荷大等故障引起的。

　　水冷式中央空调系统中压力的概念十分重要，其制冷系统在运行时可分高、低压两部分。其中高压段为从压缩机的排气口至节流阀前，该段也称为蒸发压力；低压段为节流阀至压缩机的进气口部分，该段也称为冷凝压力。

　　为方便起见，制冷系统的蒸发压力与冷凝压力都在压缩机的吸、排气口检测。即通常称为压缩机的吸、排气压力。冷凝压力接近于蒸发压力，两者之差就是管路的流动阻力。压力损失一般限制在0.018 Mpa以下。检测制冷系统的吸、排气压力的目的，是要得到制冷系统的蒸发温度与冷凝温度，以此获得制冷系统的运行状况。

　　制冷系统运行时，其排气压力与冷凝温度相对应，而冷凝温度与其冷却介质的流量温度、制冷剂流入量、冷负荷量等有关。在检查制冷系统时，应在排气管处装一只排气压力表，检测排气压力，作为故障分析的重要依据。

图6-11 水冷式中央空调管路系统高压（排气压力）过高故障的检修流程

图6-11为水冷式中央空调管路系统高压（排气压力）过高故障的检修流程。

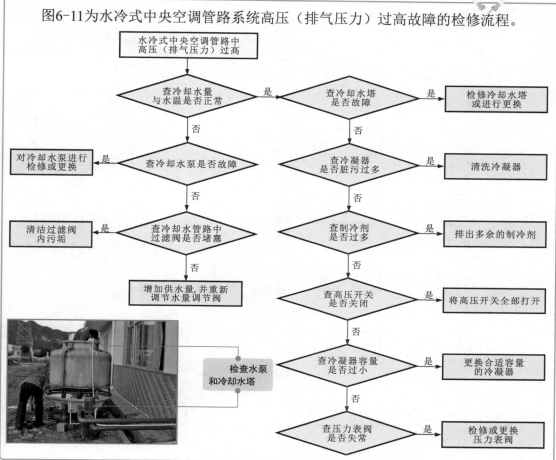

❷ 管路系统高压（排气压力）过低故障的检修流程

　　水冷式中央空调系统运行中，管路系统上的排气压力表显示高压过低，空调系统的制冷、制热效果差，出现该类故障的原因主要有冷凝器温度异常、制冷剂量不足、低压开关未打开、过滤器及膨胀阀不通畅或开度小、压缩机效率低等。

　　水冷式中央空调管路系统高压过低会引起系统的制冷流量下降、冷凝负荷小，使冷凝温度下降。另外，吸气压力与排气压力有密切的关系。在一般情况下，吸气压力升高，排气压力也相应上升；吸气压力下降，排气压力也相应下降。

❸ 管路系统低压（吸气压力）过高故障的检修流程

　　水冷式中央空调系统运行中，管路系统上的吸气压力表显示低压过高，空调系统的制冷、制热效果差，出现该类故障的原因主要有制冷剂不足、冷负荷量小、电子膨胀阀开度小、压缩机效率低等。

图6-12 水冷式中央空调管路系统高压（排气压力）过低故障的检修流程

图6-12为水冷式中央空调管路系统高压（排气压力）过低故障的检修流程。

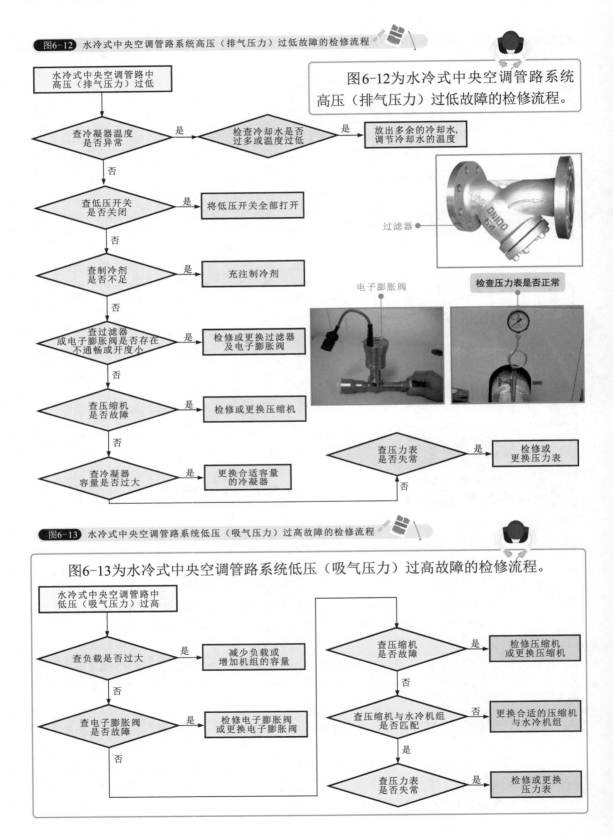

水冷式中央空调管路中高压（排气压力）过低

查冷凝器温度是否异常 —是→ 检查冷却水是否过多或温度过低 —是→ 放出多余的冷却水，调节冷却水的温度

否

查低压开关是否关闭 —是→ 将低压开关全部打开

否

查制冷剂是否不足 —是→ 充注制冷剂

否

查过滤器或电子膨胀阀是否存在不通畅或开度小 —是→ 检修或更换过滤器及电子膨胀阀

否

查压缩机是否故障 —是→ 检修或更换压缩机

否

查冷凝器容量是否过大 —是→ 更换合适容量的冷凝器

查压力表是否失常 —是→ 检修或更换压力表

否

过滤器

电子膨胀阀

检查压力表是否正常

图6-13 水冷式中央空调管路系统低压（吸气压力）过高故障的检修流程

图6-13为水冷式中央空调管路系统低压（吸气压力）过高故障的检修流程。

水冷式中央空调管路中低压（吸气压力）过高

查负载是否过大 —是→ 减少负载或增加机组的容量

否

查电子膨胀阀是否故障 —是→ 检修电子膨胀阀或更换电子膨胀阀

否

查压缩机是否故障 —是→ 检修压缩机或更换压缩机

否

查压缩机与水冷机组是否匹配 —否→ 更换合适的压缩机与水冷机组

是

查压力表是否失常 —是→ 检修或更换压力表

❹ 管路系统低压（吸气压力）过低故障的检修流程

图6-14 水冷式中央空调管路系统低压（吸气压力）过低故障的检修流程

```
        ┌─────────────────────────┐
        │  水冷式中央空调管路        │
        │  中低压（吸气温度）过低    │
        └─────────────────────────┘
                    │
┌──────────────┐ 是  ◇
│ 检修是否发生泄漏 │◄──── 查制冷剂是否不足
│ 并重新充注制冷剂 │      ◇
└──────────────┘      │否
```

如图6-14所示，水冷式中央空调系统运行中，管路系统上的吸气压力表显示低压过低，空调系统的制冷、制热效果差，出现该类故障的原因主要有制冷剂过多、制冷负荷大、电子膨胀阀开度大、压缩机效率低等。

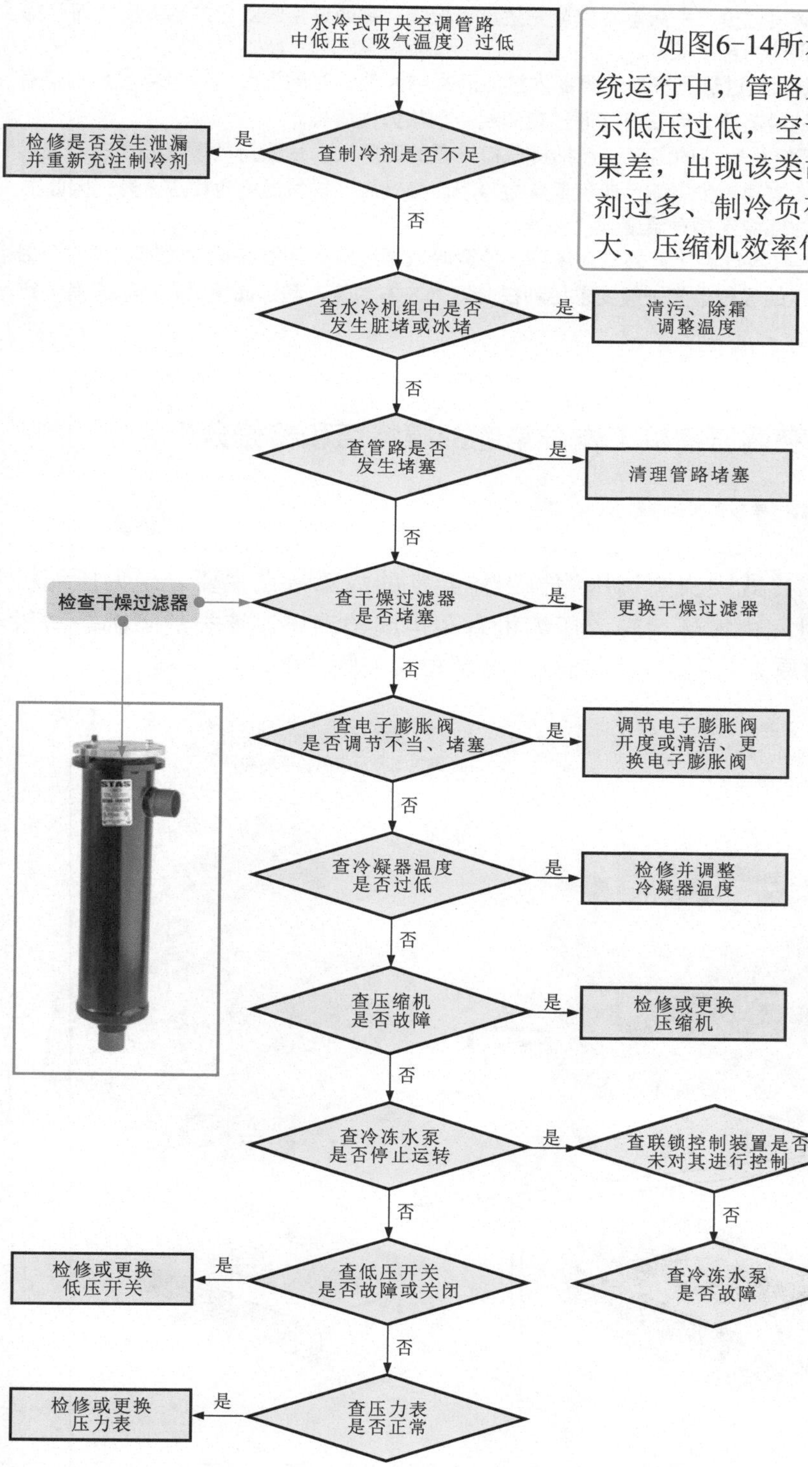

查水冷机组中是否发生脏堵或冰堵 —是→ 清污、除霜 调整温度
│否

查管路是否发生堵塞 —是→ 清理管路堵塞
│否

检查管路是否堵塞，水泵是否停止运转

检查干燥过滤器 → 查干燥过滤器是否堵塞 —是→ 更换干燥过滤器
│否

查电子膨胀阀是否调节不当、堵塞 —是→ 调节电子膨胀阀开度或清洁、更换电子膨胀阀
│否

查冷凝器温度是否过低 —是→ 检修并调整冷凝器温度
│否

检查压缩机

查压缩机是否故障 —是→ 检修或更换压缩机
│否

查冷冻水泵是否停止运转 —是→ 查联锁控制装置是否未对其进行控制 —是→ 设置联锁控制装置控制冷冻水泵
│否   │否

检修或更换低压开关 ←是— 查低压开关是否故障或关闭   查冷冻水泵是否故障 —是→ 检修或更换冷冻水泵
│否

检修或更换压力表 ←是— 查压力表是否正常

在中央空调系统中，压力和温度都是检测的重要参数，其中制冷系统中主要的温度参数主要有：蒸发温度（t_e）、冷凝温度（t_c）、排气温度（t_d）、吸气温度（t_s）。

　　◇ 蒸发温度（t_e）　液体制冷剂在蒸发器内沸腾气化的温度。例如，一般商用空调机组蒸发温度将5～7°C作为空调机组的最佳蒸发温度。一般蒸发温度无法直接检测，需通过检测对应的蒸发压力而获得其蒸发温度（通过查阅制冷剂热力性质表）。

　　◇ 冷凝温度（t_c）　制冷剂的过热蒸气在冷凝器内放热后凝结为液体时的温度。冷凝温度也不能直接检测，需通过检测其对应的冷凝压力而获得（通过查阅制冷剂热力性质表）。

　　◇ 排气温度（t_d）　压缩机排气口的温度（包括排气口接管的温度），检测排气温度必须有测温装置。排气温度受吸气温度和冷凝温度的影响，吸气温度或冷凝温度升高，排气温度也相应上升，因此要控制吸气温度和冷凝温度，才能稳定排气温度。

　　◇ 吸气温度（t_s）　压缩机吸气连接管的气体温度，检测吸气温度需有测温装置，检修调试时一般用手触摸估测，商用空调机组的吸气温度一般要求控制在15°C为左右为佳，超过此值对制冷效果有一定影响。

6.2.3　水冷式中央空调压缩机工作异常的故障特点和检修分析

 图6-15　水冷式中央空调压缩机工作异常的故障特点

　　如图6-15所示，水冷式中央空调压缩机工作异常的故障特点主要表现为压缩机无法停机、压缩机短时间内循环运转、压缩机有杂声或振动等，该类故障都是与压缩机有关，引起故障的原因主要也在压缩机本身及与其关联的部件。

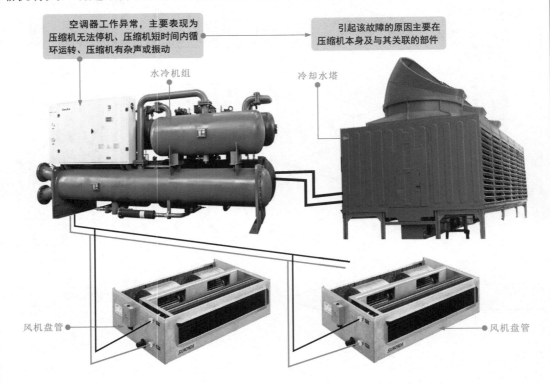

空调器工作异常，主要表现为压缩机无法停机、压缩机短时间内循环运转、压缩机有杂声或振动

引起该故障的原因主要在压缩机本身及与其关联的部件

水冷机组

冷却水塔

风机盘管

风机盘管

❶ 压缩机无法停机故障的检修流程

图6-16 水冷式中央空调压缩机无法停机故障的检修流程

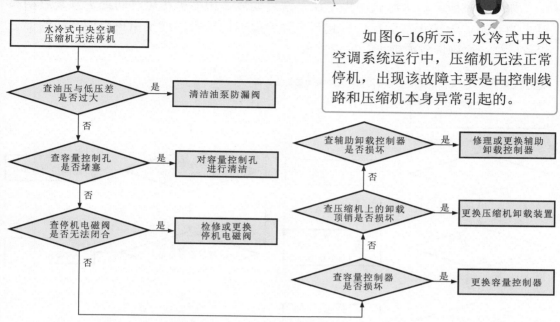

如图6-16所示，水冷式中央空调系统运行中，压缩机无法正常停机，出现该故障主要是由控制线路和压缩机本身异常引起的。

❷ 压缩机有杂声或振动故障的检修流程

图6-17 水冷式中央空调压缩机有杂声或振动故障的检修流程

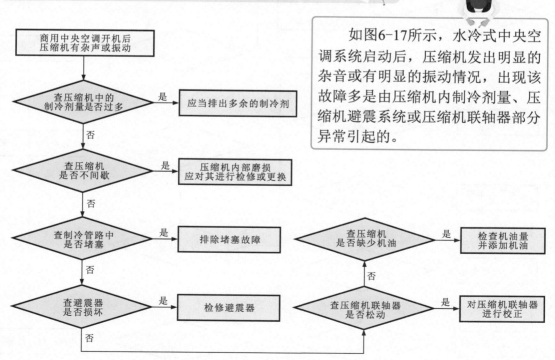

如图6-17所示，水冷式中央空调系统启动后，压缩机发出明显的杂音或有明显的振动情况，出现该故障多是由压缩机内制冷剂量、压缩机避震系统或压缩机联轴器部分异常引起的。

❸ 压缩机短时间循环运转故障的检修流程

如图6-18所示，水冷式中央空调系统启动后，压缩机在短时间处于频繁启动和停止的状态，无法正常运行，引起该故障的原因比较多，涉及中央空调系统的部分也较广泛，应顺信号流程进行逐步排查。

图6-18 水冷式中央空调压缩机短时间循环运转故障的检修流程

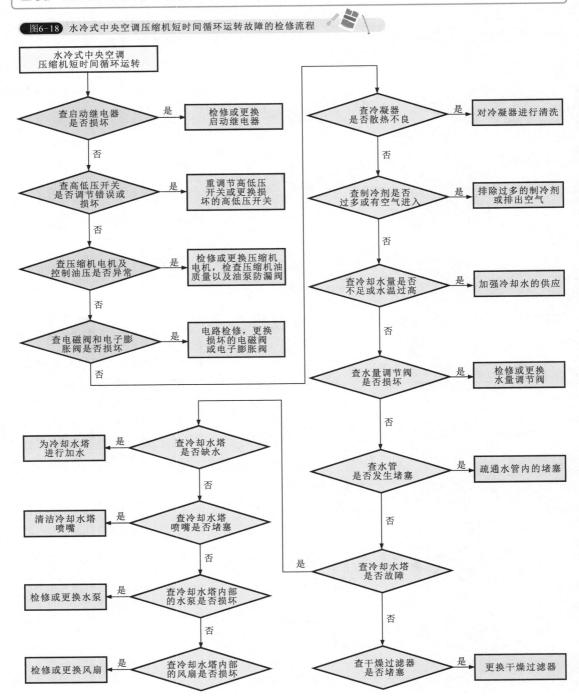

6.2.4 水冷式中央空调运行噪声大的故障特点和检修分析

 图6-19 水冷式中央空调运行噪声大的故障特点

如图6-19所示，水冷式中央空调运行噪声大的故障主要表现为室内风机噪声较大。该类故障通常是由风管系统部分引起的。

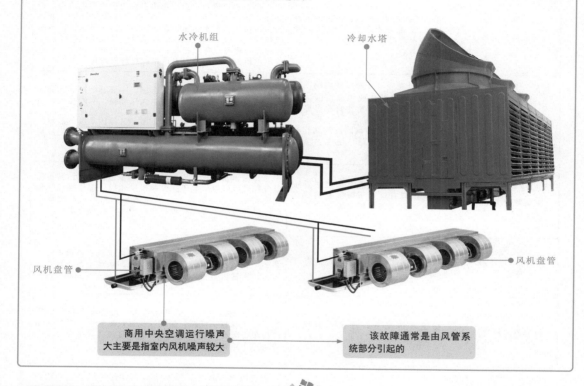

水冷机组　冷却水塔

风机盘管　风机盘管

商用中央空调运行噪声大主要是指室内风机噪声较大

该故障通常是由风管系统部分引起的

图6-20 水冷式中央空调运行噪声大故障的检修流程

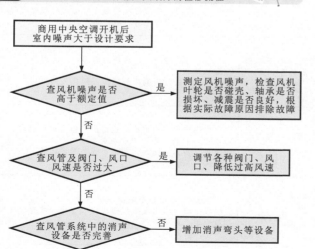

商用中央空调开机后室内噪声大于设计要求

查风机噪声是否高于额定值 —是→ 测定风机噪声，检查风机叶轮是否碰壳、轴承是否损坏、减震是否良好，根据实际故障原因排除故障

否

查风管及阀门、风口风速是否过大 —是→ 调节各种阀门、风口、降低过高风速

否

查风管系统中的消声设备是否完善 —否→ 增加消声弯头等设备

如图6-20所示，水冷式中央空调启动运行后，制冷或制热效果均正常，启动控制也正常，但运行时产生的噪声过大，出现该故障主要是由于风机工作异常，内风管、阀门、送风口风速过大以及风管系统消声设备不完善等引起的。

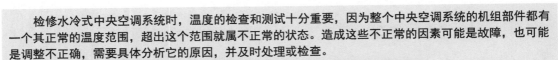

検修水冷式中央空调系统时，温度的检查和测试十分重要，因为整个中央空调系统的机组部件都有一个其正常的温度范围，超出这个范围就属不正常的状态。造成这些不正常的因素可能是故障，也可能是调整不正确，需要具体分析它的原因，并及时处理或检查。

下面表6-1中分别列出几种机组部件的温度状态，可在检修时作为重要参考。

表6-1　几种机组部件的温度状态

检测部位	正常范围	备注
压缩机排气温度	压缩机的在夏季制冷状态下，排气温度比较高，不可用手触摸。如R22（制冷剂类型）制冷系统的排气温度不超过150℃	排气温度超高原因，是压缩机的吸气温度超高，或是冷凝温度超高所造成，必须引起注意。排气温度过低，手摸排气管不烫手，这说明吸气温度特别低，压缩机可能湿行程运行或系统制冷剂特少情况下运行。压缩机湿行程容易损坏阀结构；制冷剂特少情况运行，会影响电动机的绕组散热，加速绝缘材料的老化
压缩机机壳温度	A：上机壳受吸入蒸气的影响，温度比较低，处在微热或稍凉范围，估计在30℃左右，在吸气管的周围局部机壳表面有结露水的可能 B：下机壳内电动机的发热量和被冷冻油带出的摩擦热量，主要由蒸气带出机壳	机壳表面温度超过正常范围，主要是制冷系统的吸气温度过高。过高的热蒸气进入压缩机，吸收机壳内热量后，使蒸气的温度更高，从而使机壳的温度上升。机壳表面温度低于正常范围，其原因是吸气温度太低。它对冷冻油和电动机绕组的冷却都有利，但制冷量有所下降
冷凝器的温度	在正常情况下，前半部散热管很热，且其温度有逐步下降的趋势。后半部散热管的热感程度与前半部相比有较大的降低	冷凝器后半部管内制冷剂已逐步液化，已达到冷凝温度和过冷温度。当不正常情况产生时，多出现后半部接近常温（环境温度），其原因是压缩机制冷剂流量不足；另外若整个冷凝管都很热，多是由于制冷剂量过多或通风量小，或环境温度高引起的
壳管式水冷冷凝器的温度	在正常情况下是上半部比较热下半部是温热	若整个壳体都不太热，可能是由于制冷剂量不够。若整个壳体都很热，可能是由于冷却水量不足或散热效果差（水管内结垢）
过滤器的温度	在正常情况下，过滤器温度较高，应高于环境温度	若过滤器发凉，多可能是由于过滤网孔被污泥阻塞，使过滤器不畅通，当制冷剂流过滤网时，发生了节流现象；若过滤器不热，与环境温度相当，多是由于过滤网完全堵塞不通，制冷剂不能流动
吸气管的温度	在正常情况下，吸气管用手摸感觉很凉，并结有露水	若吸气管较凉、露水太多，以致使机壳大面积结露。多是由于制冷剂流量过大，液体不能在蒸发器内全部气化，有液体回流现象。若吸气管不凉、不结露、机壳很热。多是由于制冷剂流量太小或制冷剂量不足。其后果是使排气温度上升，制冷量下降
热力膨胀阀的温度	在正常情况下，膨胀阀的下半部阀身很凉，并有露水，制冷剂流动声音很沉闷	若阀体比较冷，表面露水较多，甚至结霜，制冷剂的流动声较大（气体流动）。多是由于过滤网堵塞不通，或者动力盒内制冷剂泄漏，阀孔关闭不通
毛细管的温度	在正常情况下，毛细管发凉并结有露水，有液体流动声音	若毛细管表面很凉，也结露，但流动声音较响，多为制冷剂不足；若毛细管表面不凉、不结露，听不到流动声音，多为出现过滤网堵塞或毛细管堵塞
蒸发器的温度	在正常情况下，蒸发器外表面很冷，其凝露水珠不断地滴下来，进出风温度较大，温度范围一般为12~14℃	若蒸发器表面不太凉,露水不多，或不结露，可听到制冷剂流动声音很响，进出风温差小，多是由于制冷剂量不足，或膨胀阀开启度小

6.3 多联式中央空调的故障特点和检修分析

6.3.1 多联式中央空调制冷或制热异常的故障特点和检修分析

图6-21 多联式中央空调制冷或制热异常的故障特点

如图6-21所示，多联式中央空调制冷或制热异常的故障特点主要表现为中央空调不制冷或不制热、制冷或制热效果差等。

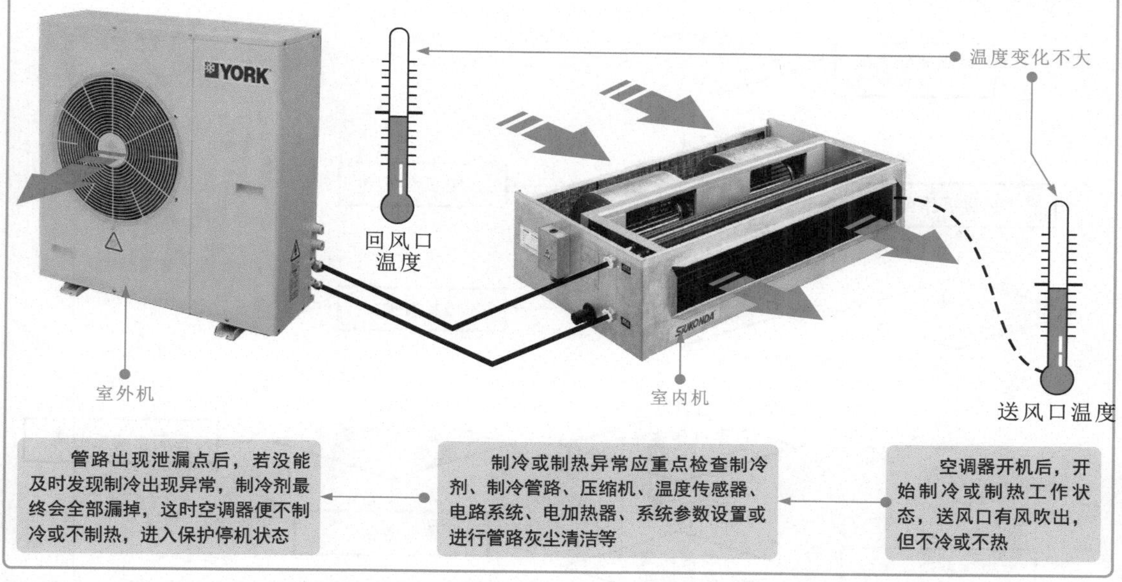

回风口温度

室外机

室内机

温度变化不大

送风口温度

管路出现泄漏点后，若没能及时发现制冷出现异常，制冷剂最终会全部漏掉，这时空调器便不制冷或不制热，进入保护停机状态

制冷或制热异常应重点检查制冷剂、制冷管路、压缩机、温度传感器、电路系统、电加热器、系统参数设置或进行管路灰尘清洁等

空调器开机后，开始制冷或制热工作状态，送风口有风吹出，但不冷或不热

造成多联式中央空调出现"不制冷或不制热、制冷或制热效果差"故障通常是由于管路中的制冷剂不足、制冷管路堵塞、室内环境温度传感器损坏、控制电路出现异常所引起的，需要结合具体的故障表现，对怀疑的部件逐一检测和排查。

多联式中央空调器系统通电后，开机正常，当设定温度后，空调器压缩机开始运转，运行一段时间后，室内温度无变化。经检查后，空调器送风口的温度与室内环境温度差别不大。由此，可以判断空调器不制冷或不制热。

❶ 多联式中央空调不制冷或不制热故障的检修分析

多联式中央空调利用室内机接收室内环境温度传感器送入的温度信号，判断室内温度是否达到制冷要求，并向室外机传输控制信号，由室外机的控制电路控制四通阀换向，同时驱动变频电路工作，进而使压缩机运转，制冷剂循环流动，达到制冷或制热的目的。因此若多联式中央空调出现不制冷或不制热故障时应重点检查四通阀和室内温度传感器。

图6-22为多联式中央空调不制冷或不制热故障的检修流程。

图6-22 多联式中央空调不制冷或不制热故障的检修分析流程

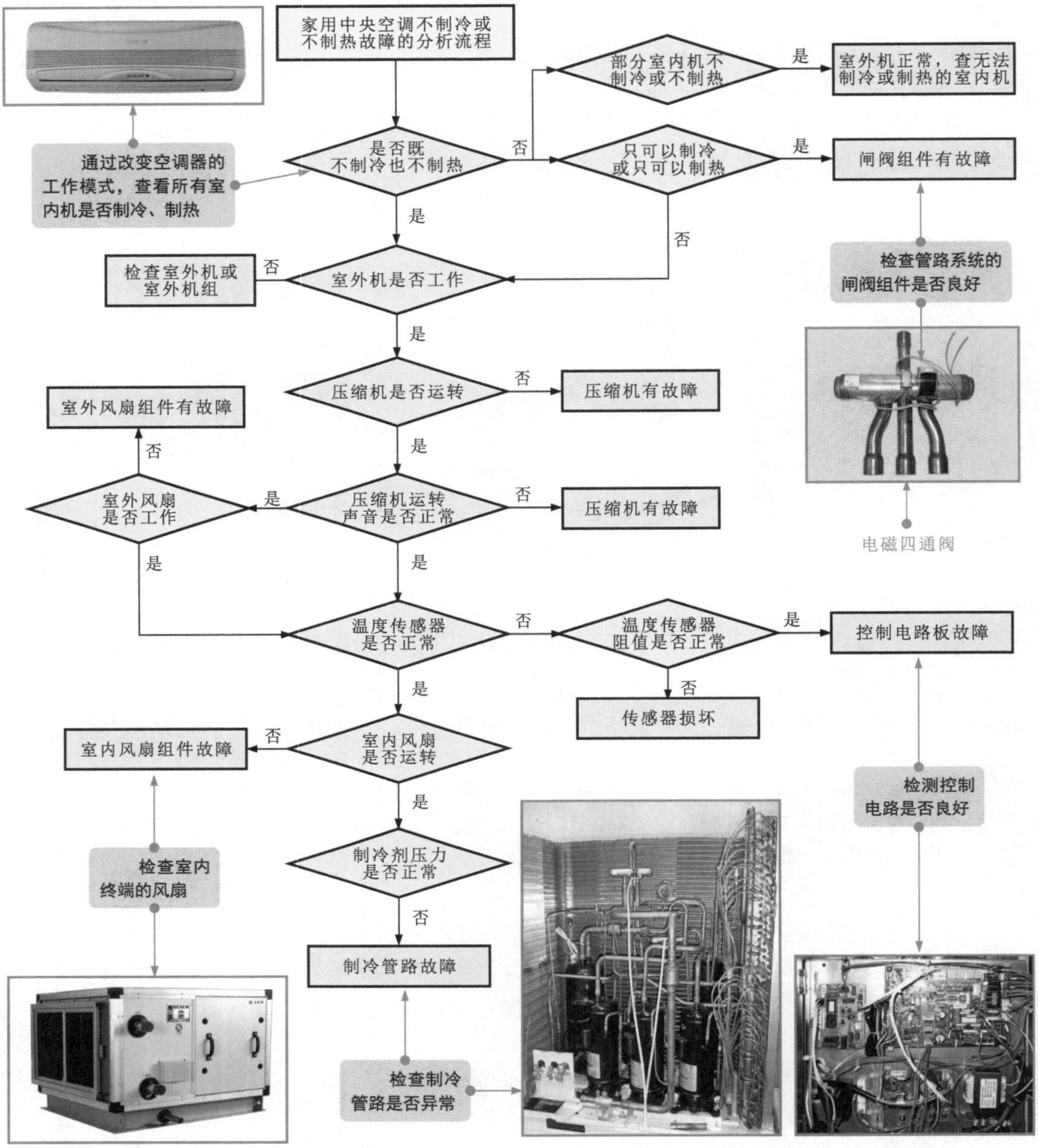

```
家用中央空调不制冷或
不制热故障的分析流程
```

部分室内机不
制冷或不制热 —是→ 室外机正常，查无法
制冷或制热的室内机

通过改变空调器的
工作模式，查看所有室
内机是否制冷、制热

是否既
不制冷也不制热 —否→ 只可以制冷
或只可以制热 —是→ 闸阀组件有故障

↓是 ↓否

检查管路系统的
闸阀组件是否良好

检查室外机或
室外机组 ←否— 室外机是否工作

↓是

室外风扇组件有故障 ←否— 压缩机是否运转 —否→ 压缩机有故障

↓是

电磁四通阀

室外风扇
是否工作 —是← 压缩机运转
声音是否正常 —否→ 压缩机有故障

↓是 ↓是

温度传感器
是否正常 —否→ 温度传感器
阻值是否正常 —是→ 控制电路板故障

↓是 ↓否

传感器损坏

检测控制
电路是否良好

室内风扇组件故障 ←否— 室内风扇
是否运转

↓是

检查室内
终端的风扇

制冷剂压力
是否正常

↓否

制冷管路故障

检查制冷
管路是否异常

② 多联式中央空调制冷或制热效果差故障的分析流程

多联式中央空调器系统可启动运行，但制冷/制热温度达不到设定要求。应重点检查其室内外机组的风机、制冷循环系统等是否正常。

图6-23为多联式中央空调制冷或制热效果差故障的检修分析流程。

图6-23 多联式中央空调制冷或制热效果差故障的检修流程

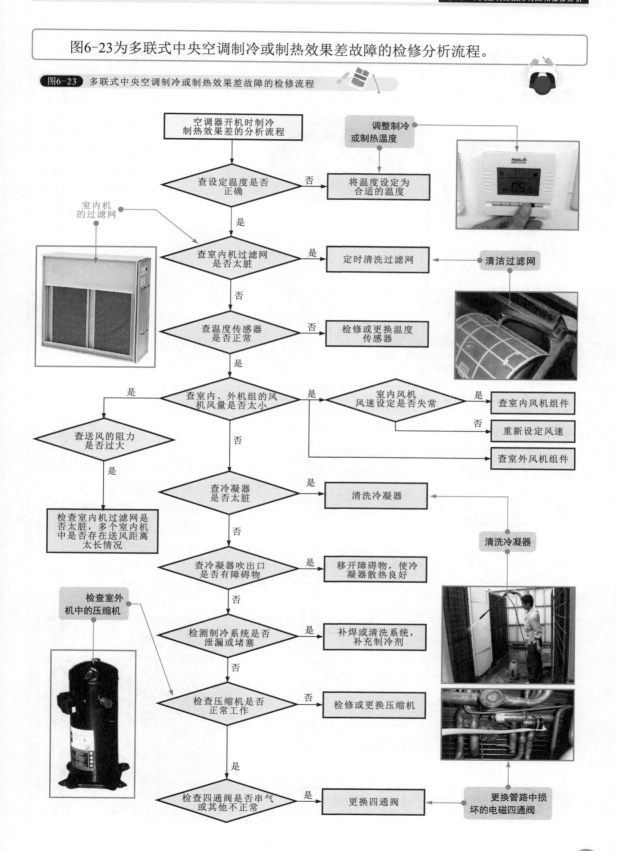

6.3.2 多联式中央空调不开机或开机保护的故障特点和检修分析

图6-24 多联式中央空调不开机或开机保护的故障特点

室外机

室内机

控制面板可能会根据故障显示出故障代码

控制面板

引起该类故障的可能是电路系统也可能是管路系统。对于可显示故障代码的故障，应根据机型查找故障代码手册，进而对症检修

空调器无法开机或开机后工作异常，控制面板显示故障代码，且室外机压缩机不启动

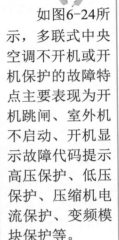

如图6-24所示，多联式中央空调不开机或开机保护的故障特点主要表现为开机跳闸、室外机不启动、开机显示故障代码提示高压保护、低压保护、压缩机电流保护、变频模块保护等。

❶ 多联式中央空调开机跳闸故障的检修分析

图6-25 多联式中央空调开机跳闸故障的检修流程

```
通电开机烧保险，空气开关跳脱故障的分析流程
          ↓
检查供电线路中的保险及控制开关是否良好
          ↓
查空气开关及保险 ──否──→ 更换合适型号控制
是否符合标准              开关及保险
   │是
   ↓
查电源电压是否 ──否──→ 解决相应的电源问题
稳定
   │是
   ↓
查空调内部控制线路 ──是──→ 排除短路现象
是否短路
   │否
   ↓
查压缩机是否有 ──是──→ 检修或更换压缩机
故障
   │否
   ↓
查压缩机启动电容 ──是──→ 更换压缩机启动电容
是否损坏
   │否
   ↓
查电源线是否松动 ──是──→ 重新接线
过大
```

如图6-25所示，开机跳闸的故障是指中央空调系统通电后正常，但开机启动时，烧保险，空气开关跳脱的现象。出现此种故障，可能是由于电路系统中存在短路或漏电引起的。重点检查空调系统的控制线路、压缩机、压缩机启动电容等。

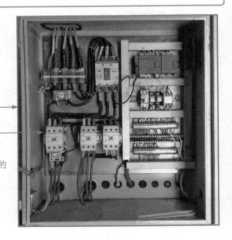

中央空调的控制箱

❷ 多联式中央空调室内机可启动、室外机不启动故障的检修分析

如图6-26所示，多联式中央空调系统开机后，室内机运转，但室外机中压缩机不启动，该现象主要是由于室内、外机通信不良、室外机压缩机启动部件或压缩机本身不良引起，主要应检查室内外机连接线、压缩机启动部件以及压缩机。

图6-26 多联式中央空调室内机可启动、室外机不启动故障的检修流程

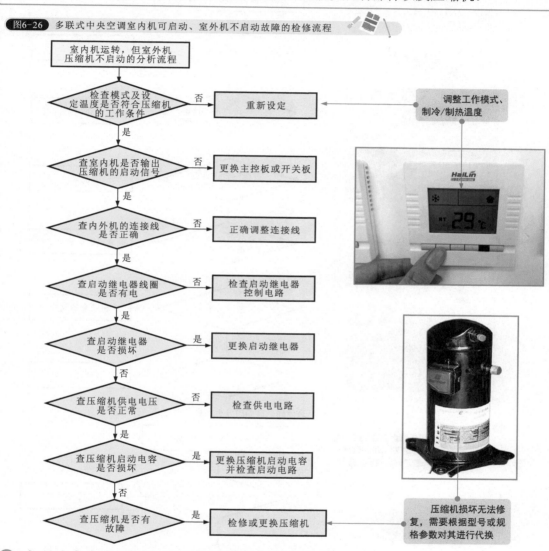

❸ 多联式中央空调开机显示故障代码的检修分析

多联式中央空调一般都带有故障代码设定，当出现室内机、室外机组自身可识别的故障时，其显示屏或指示灯会显示相应的故障指示。常见如高压保护、低压保护、压缩机电流保护、变频模块保护故障等，不同的故障代码所指示故障的含义不同，且故障代码同时显示在室内机、室外机上与只显示在室内机或室外机组上所表示的意义也不相同。可对照故障代码含义表初步圈定出故障范围，再针对性地进行检修。

图6-27为几种常见故障代码指示故障的检修分析流程。

图6-27 多联式中央空调几种常见故障代码指示故障的检修流程

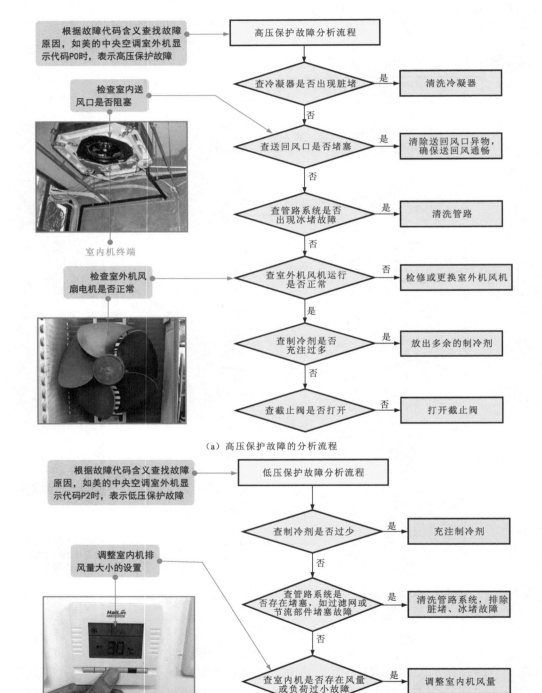

（a）高压保护故障的分析流程

（b）低压保护故障的分析流程

图6-27 多联式中央空调几种常见故障代码指示故障的检修流程（续）

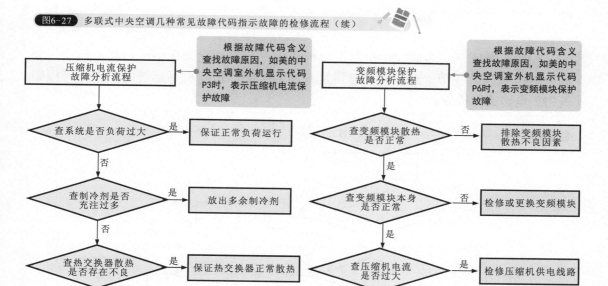

压缩机电流保护故障分析流程 → 根据故障代码含义查找故障原因，如美的中央空调室外机显示代码P3时，表示压缩机电流保护故障

变频模块保护故障分析流程 → 根据故障代码含义查找故障原因，如美的中央空调室外机显示代码P6时，表示变频模块保护故障

查系统是否负荷过大 —是→ 保证正常负荷运行
否↓
查制冷剂是否充注过多 —是→ 放出多余制冷剂
否↓
查热交换器散热是否存在不良 —是→ 保证热交换器正常散热
否↓
查压缩机是否故障 —是→ 检修或更换压缩机

查变频模块散热是否正常 —否→ 排除变频模块散热不良因素
是↓
查变频模块本身是否正常 —否→ 检修或更换变频模块
是↓
查压缩机电流是否过大 —是→ 检修压缩机供电线路
否↓
查压缩机是否存在漏电故障 —是→ 检修或更换压缩机

（c）压缩机电流保护故障的分析流程　　　　（d）变频模块保护故障的分析流程

6.3.3 多联式中央空调压缩机工作异常的故障特点和检修分析

图6-28 多联式中央空调压缩机工作异常的故障特点

如图6-28所示，多联式中央空调压缩机工作异常的主要表现为压缩机不运转、压缩机启停频繁等，从而引起不制冷（或制热）或制冷（热）效果差的故障。出现该类故障通常是由于制冷系统或控制电路工作异常所引起的，也有很小的可能是由于压缩机出现机械不良的故障引起的。

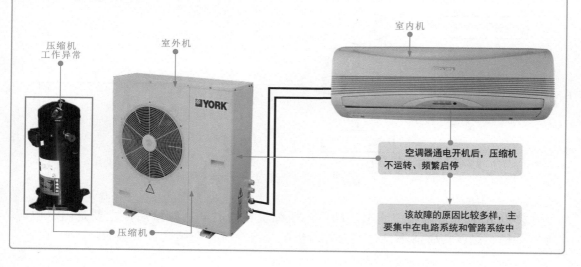

压缩机工作异常

室外机

室内机

压缩机

空调器通电开机后，压缩机不运转、频繁启停

该故障的原因比较多样，主要集中在电路系统和管路系统中

❶ 多联式中央空调压缩机不运转故障的检修分析

> 如图6-29所示，多联式中央空调室外机中一般采用变频压缩机启动，该类压缩机一般由专门的变频电路或变频模块进行驱动控制，压缩机不运转时应重点对压缩机相关电路进行检查。

图6-29 多联式中央空调压缩机不运转故障的检修流程

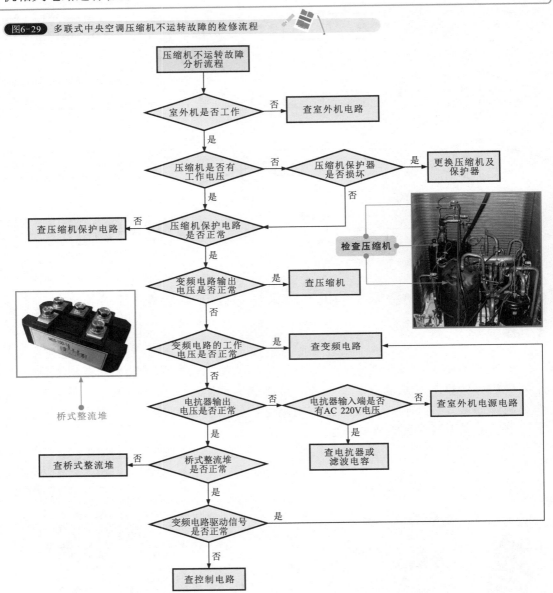

❷ 多联式中央空调压缩机启停频繁故障的检修分析

> 多联式中央空调系统通电启动后，压缩机在短时间内频繁启停主要是由于电源电压不稳、温度传感器不良、室内外风机故障或系统存在堵塞等引起的。

图6-30 多联式中央空调压缩机启停频繁故障的检修流程

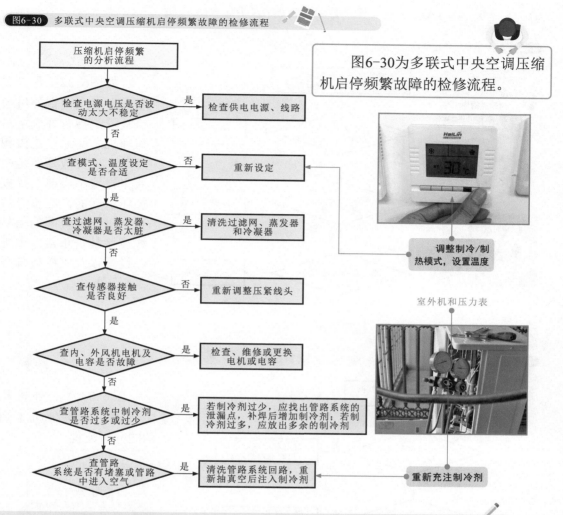

图6-30为多联式中央空调压缩机启停频繁故障的检修流程。

压缩机启停频繁的分析流程

检查电源电压是否波动太大不稳定 ——是→ 检查供电电源、线路

否↓

查模式、温度设定是否合适 ——否→ 重新设定

是↓

查过滤网、蒸发器、冷凝器是否太脏 ——是→ 清洗过滤网、蒸发器和冷凝器

否↓

查传感器接触是否良好 ——否→ 重新调整压紧线头

是↓

查内、外风机电机及电容是否故障 ——是→ 检查、维修或更换电机或电容

否↓

查管路系统中制冷剂是否过多或过少 ——是→ 若制冷剂过少，应找出管路系统的泄漏点，补焊后增加制冷剂；若制冷剂过多，应放出多余的制冷剂

否↓

查管路系统是否有堵塞或管路中进入空气 ——是→ 清洗管路系统回路，重新抽真空后注入制冷剂

调整制冷/制热模式，设置温度

室外机和压力表

重新充注制冷剂

6.3.4 多联式中央空调室外机组不工作的故障特点和检修分析

图6-31 多联式中央空调室外机组不工作的故障特点

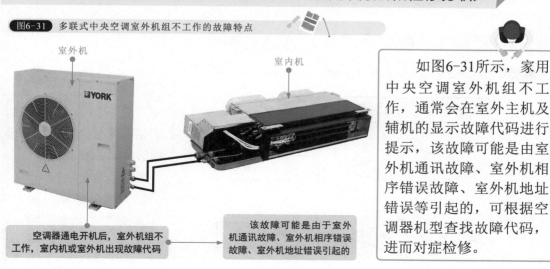

室外机

室内机

空调器通电开机后，室外机组不工作，室内机或室外机出现故障代码

该故障可能是由于室外机通讯故障、室外机相序错误故障、室外机地址错误引起的

如图6-31所示，家用中央空调室外机组不工作，通常会在室外主机及辅机的显示故障代码进行提示，该故障可能是由室外机通讯故障、室外机相序错误故障、室外机地址错误等引起的，可根据空调器机型查找故障代码，进而对症检修。

❶ 室外机通讯故障引起室外机组不启动故障的检修分析

图6-32 室外机通讯故障引起室外机组不启动故障的检修流程

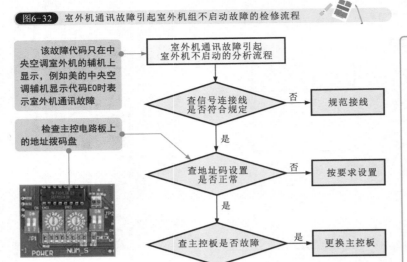

如图6-32所示，多联式中央空调室外机通讯故障是指室外机主机与辅机之间无法连接和启动，该类故障多是由通讯设置不当或主控板损坏引起的，应重点检查主机与辅机间的信号线连接是否正常、地址码设置以及主控板部分是否正常。

❷ 室外机相序错误故障引起室外机不启动故障的检修分析

图6-33 室外机相序错误故障引起室外机不启动故障的检修流程

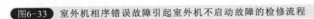

图6-33为室外机相序错误引起室外机不启动的分析流程。

查找故障代码含义，例如美的中央空调辅机显示代码E1时表示相序故障

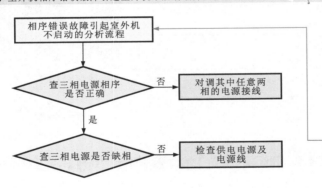

❸ 室外机地址错误的引起室外机不启动的检修分析

图6-34 室外机地址错误的引起室外机不启动故障的检修流程

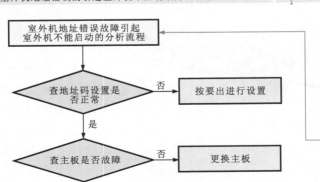

图6-34为室外机地址错误引起室外机不启动的分析流程。

查找故障代码含义，例如美的中央空调辅机显示代码E8时表示室外机地址错误

6.3.5 多联式中央空调其他几种常见故障的检修分析

在维修中，多联式中央空调还常常出现某一台室内机风机不运转、工作中噪声过大、蒸发器结霜、室内机有冷凝水滴下、室外机增减台数后工作异常等故障。

❶ 室内机风机不运转的检修分析

图6-35 室内机风机不运转故障的检修流程

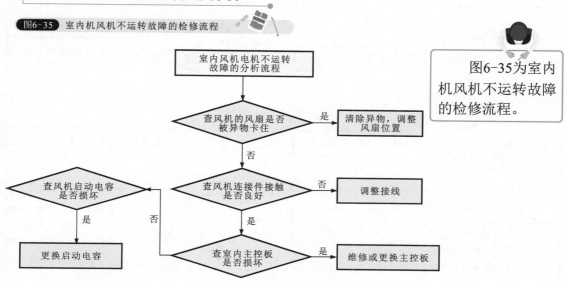

图6-35为室内机风机不运转故障的检修流程。

❷ 空调工作中噪声过大故障的分析流程

图6-36 空调工作中噪声过大故障的分析流程

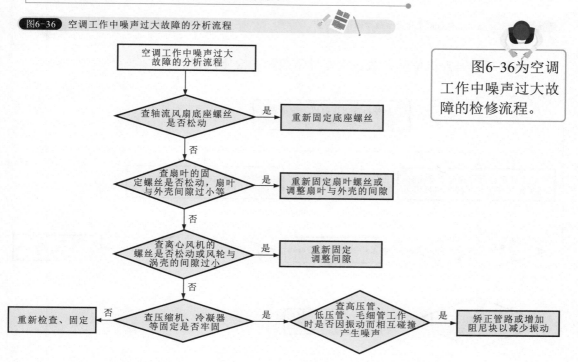

图6-36为空调工作中噪声过大故障的检修流程。

❸ 冷凝水异常故障的检修分析

图6-37 冷凝水异常故障的检修流程

图6-37为多联式中央空调系统中，冷凝水状态异常故障的检修流程。

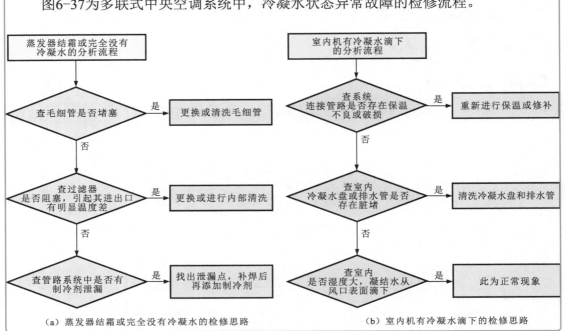

（a）蒸发器结霜或完全没有冷凝水的检修思路　　　（b）室内机有冷凝水滴下的检修思路

❹ 室外机增减台数后工作异常故障的分析流程

图6-38 室外机增减台数后工作异常故障的检修流程

图6-38为室外机增减台数后工作异常故障的检修流程。

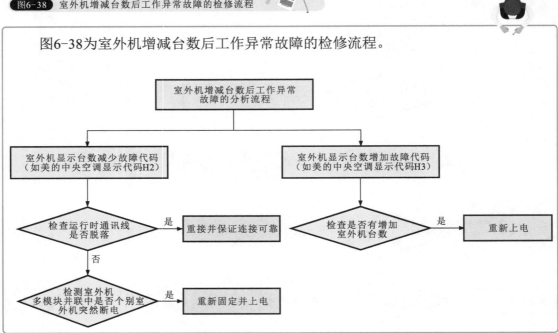

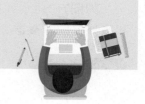

第7章
中央空调管路系统的维修技能

7.1 中央空调管路系统的检修分析

7.1.1 中央空调管路系统的特点

中央空调的管路系统是指整个系统中除电路部分外的管路及管路上所连接的各种部件的总和，也是中央空调工作时制冷剂和供冷（或供热）循环介质（水、风）流动的"通道"。

❶ **风冷式风循环中央空调的管路系统**

图7-1 风冷式风循环中央空调的管路系统

图7-1为典型风冷式风循环中央空调的管路系统。风冷式风循环中央空调的管路系统主要包括制冷剂循环系统和风道传输及分配系统。

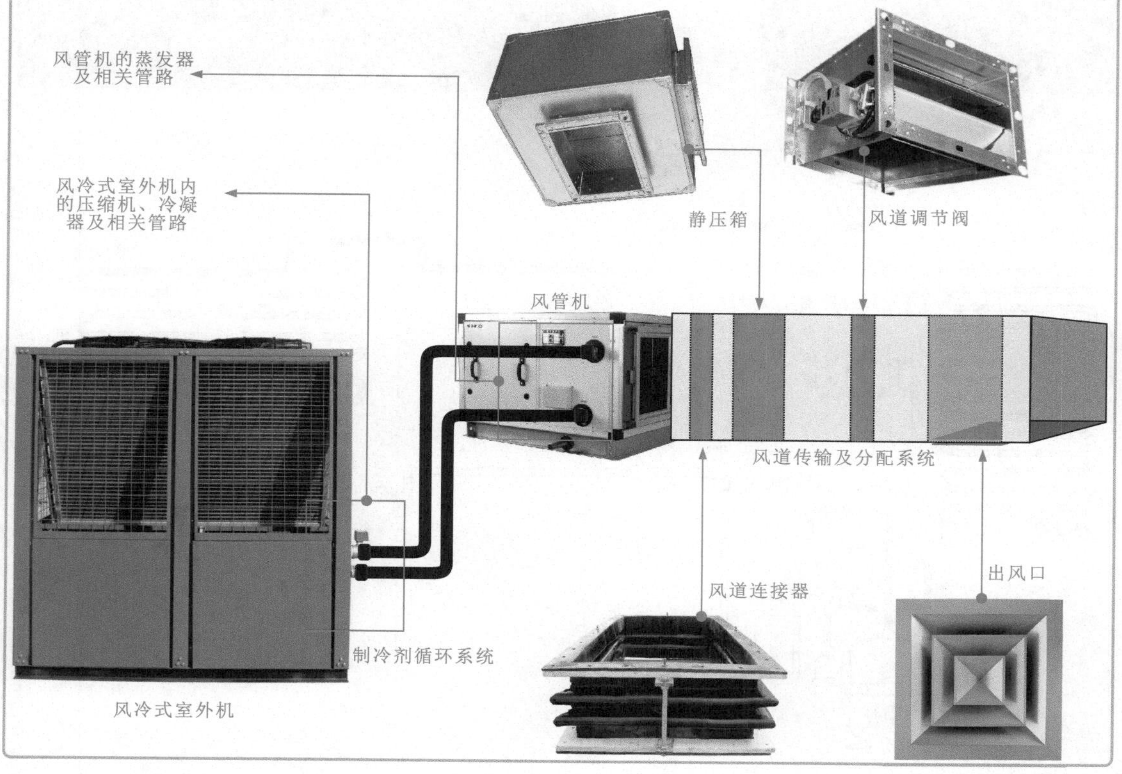

风管机的蒸发器
及相关管路

风冷式室外机内
的压缩机、冷凝
器及相关管路

静压箱

风道调节阀

风管机

风道传输及分配系统

风道连接器

出风口

制冷剂循环系统

风冷式室外机

　　如图7-2所示，风冷式风循环中央空调的制冷剂管路系统主要由室内机的蒸发器和室外机的冷凝器、压缩机及相关的闸阀组件构成。

图7-2　风冷式风循环中央空调的制冷剂管路系统

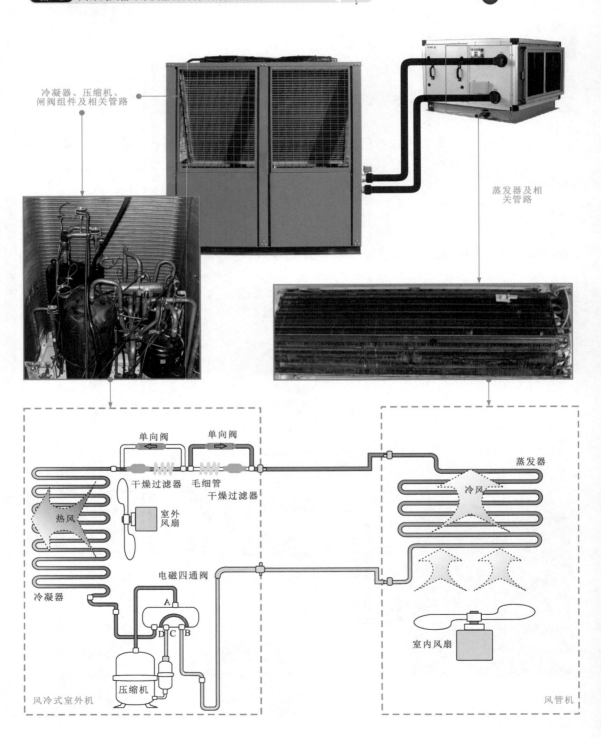

冷凝器、压缩机、闸阀组件及相关管路

蒸发器及相关管路

单向阀　　单向阀

干燥过滤器

毛细管
干燥过滤器

室外风扇

蒸发器

冷风

热风

冷凝器

电磁四通阀

A
D C B

压缩机

室内风扇

风冷式室外机　　　　　风管机

图7-3 风冷式风循环中央空调的风道传输及分配系统

如图7-3所示，风冷式风循环中央空调的风道传输及分配系统主要包括风道、静压箱、风道调节阀、送风口和回风口等。

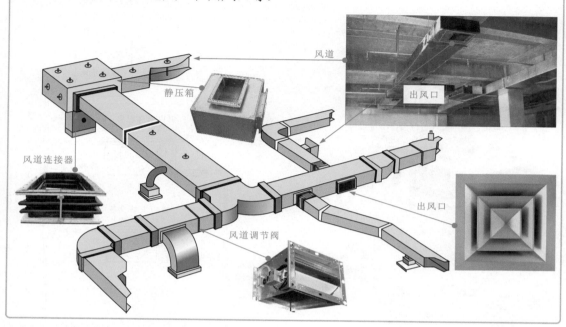

② 风冷式水循环中央空调的管路系统

图7-4 风冷式水循环中央空调的制冷剂管路系统

图7-4为典型风冷式水循环中央空调的制冷剂管路系统。

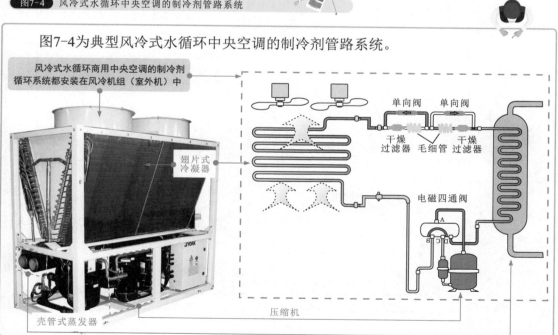

如图7-5所示，风冷式水循环中央空调的水管道传输及分配系统。制冷剂循环系统产生的冷量或热量通过水管道输出和分配到室内末端设备。

图7-5 风冷式水循环中央空调的水管道传输及分配系统

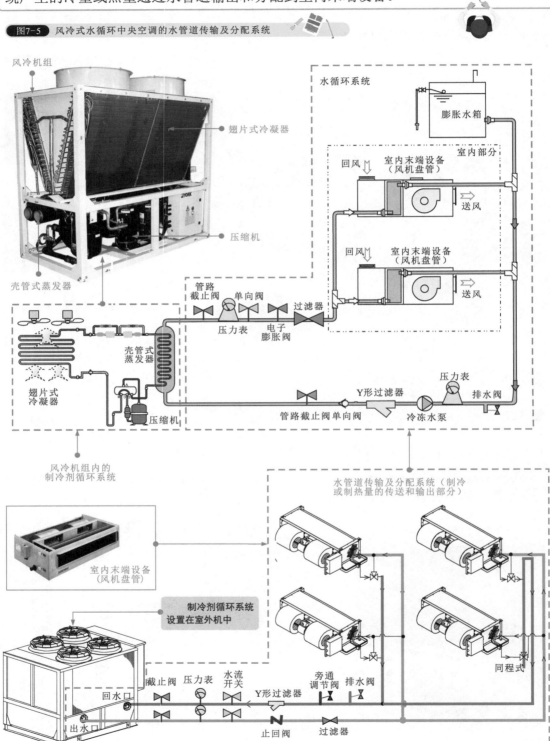

③ 水冷式中央空调的管路系统

图7-6为典型水冷式中央空调的制冷剂管路系统。水冷式中央空调的制冷剂管路系统通常安装于冷水机组中，主要由蒸发器、冷凝器、压缩机和闸阀组件等构成。

图7-6 水冷式中央空调的制冷剂管路系统

壳管式蒸发器

壳管式冷凝器

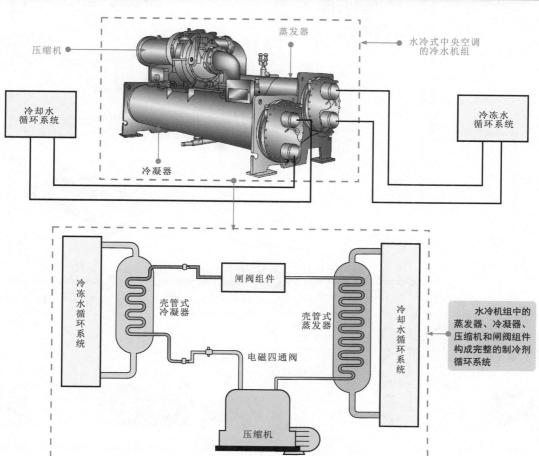

图7-7为典型水冷式中央空调的水管路循环系统。该系统主要是由冷却水塔、水管路闸阀组件、水泵、膨胀水箱及室内末端设备构成。制冷剂循环系统中的各种热交换过程都是通过水管路循环系统实现的。

图7-7 水冷式中央空调的水管路循环系统

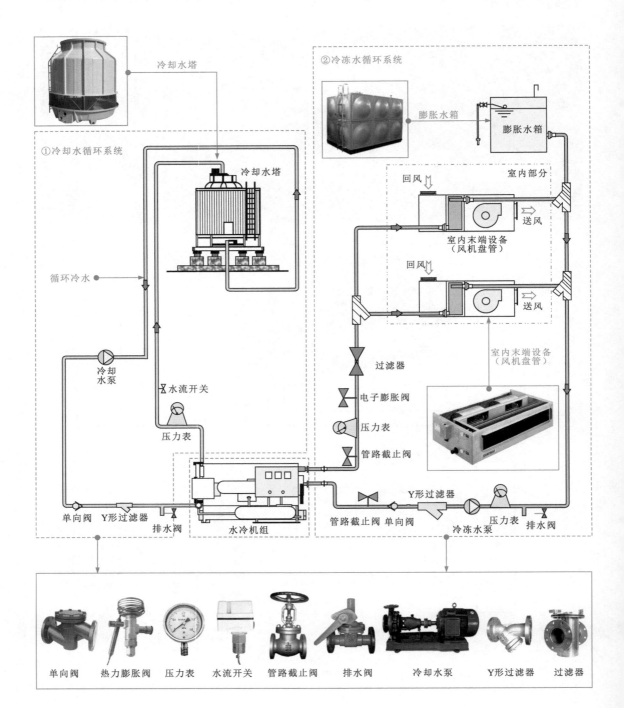

❹ 多联式中央空调的管路系统

图7-8为典型多联式中央空调的管路系统。该系统主要是由室内机中的蒸发器、室外机部分的冷凝器、压缩机、电磁四通阀、干燥过滤器、毛细管、单向阀、电子膨胀阀等部分构成的，这些部件通过制冷剂铜管连接并构成循环管路。

图7-8　多联式中央空调的管路系统

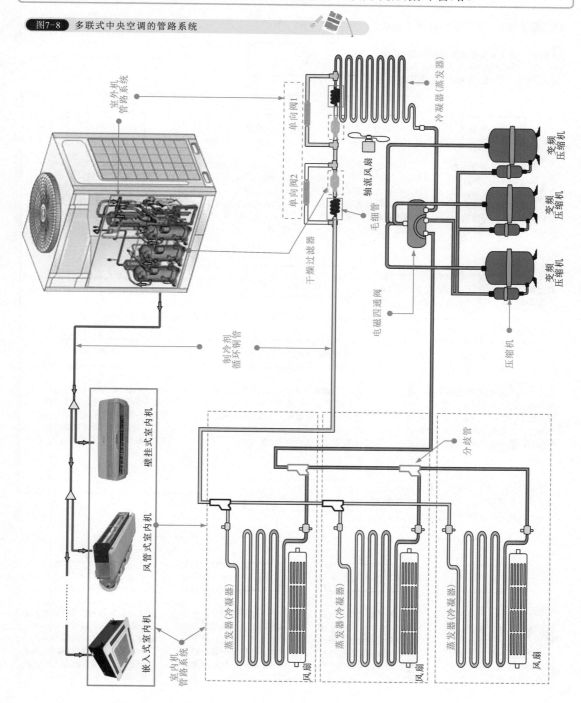

7.1.2 中央空调管路系统的检修流程

图7-9为中央空调管路系统的基本检修流程。当怀疑中央空调管路系统故障时，一般可从系统的结构入手，分别针对不同范围内的主要部件进行检修。

图7-9 中央空调管路系统的检修流程

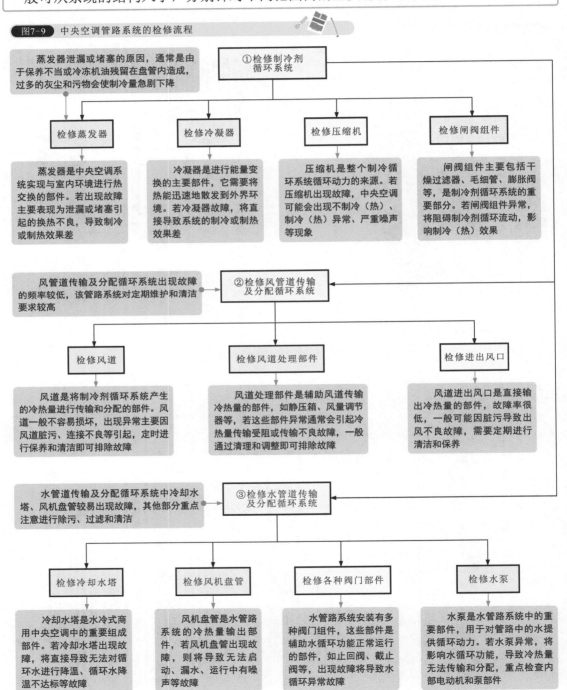

中央空调管路系统虽然结构有所区别，但其最基本制冷剂循环系统基本类似。所不同的是，制冷剂循环系统产生冷量或热量后送入室内的载体不同，有的采用风管道传输及分配系统，有的采用水管道传输及分配系统。在实际检修时，应从主要的管路系统入手，即先排查制冷剂循环系统，再根据实际结构特点，进一步检修管道系统中的主要部件，逐步排查，找到故障点，排除故障。

7.2 压缩机的检修

7.2.1 压缩机的特点

压缩机是家用中央空调制冷剂循环的动力源，它驱动管路系统中的制冷剂往复循环，通过热交换达到制冷或制热的目的。

①涡旋式变频压缩机

如图7-10所示，多联式中央空调多采用多组涡旋式变频压缩机。这种压缩机的主要特点是驱动压缩机电动机的电源频率和幅度都是可变的。

图7-10 涡旋式变频压缩机

多联式中央空调室外机中多采用多组涡旋式变频压缩机协同工作

定涡旋盘固定在支架上，动涡旋盘由偏心轴驱动，基于轴心运动

涡旋盘　排气口

排气腔

偏心轴

电动机

吸气口

涡旋油

图7-11 涡旋式变频压缩机的工作特点

如图7-11所示，涡轮结构的压缩机的工作是由定涡旋盘与动涡旋盘实现的。

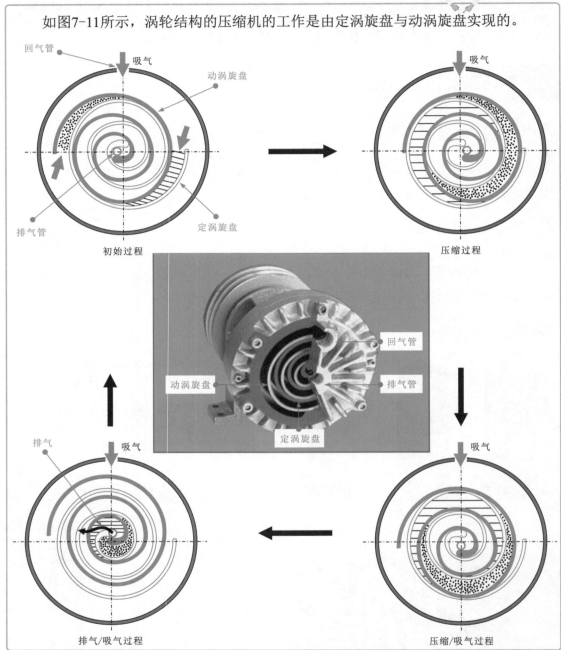

定涡旋盘作为定轴不动，动涡旋盘在电动机带动下围绕定涡旋盘进行旋转运动，对压缩机吸入的制冷剂气体进行压缩，使气体受到挤压。当动涡旋盘与定涡旋盘相啮合时，内部的空间不断缩小，使制冷剂气体压力不断增大，最后通过涡旋盘中心的排气管排出。

❷ 螺杆式压缩机

如图7-12所示，水冷式中央空调中的冷水机组常采用螺杆式压缩机。这种压缩机是一种容积回转式压缩机。

图7-12 螺杆式压缩机

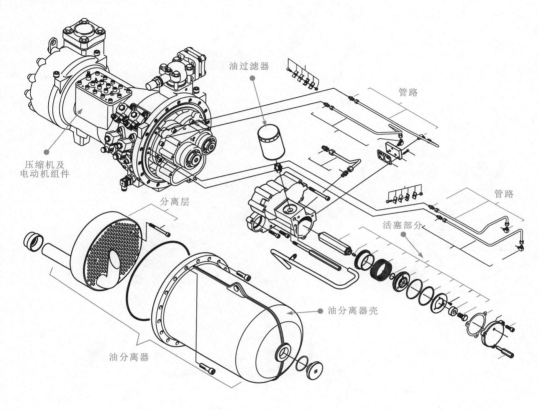

油过滤器
管路
压缩机及电动机组件
分离层
管路
活塞部分
油分离器壳
油分离器

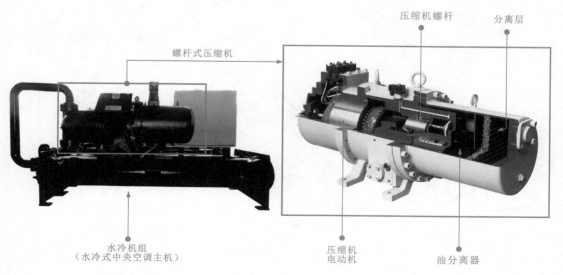

压缩机螺杆
分离层
螺杆式压缩机
水冷机组（水冷式中央空调主机）
压缩机电动机
油分离器

彩色图解中央空调安装、维修技能速成

图7-13 螺杆式压缩机及电动机组件的内部结构

如图7-13所示，压缩机及电机组件主要是由压缩机电机定子线圈、电机转子、压缩机螺杆（阴转子、阳转子）、温度检测器、油分离器、分离层、轴承组件、法兰、活塞部分等构成。

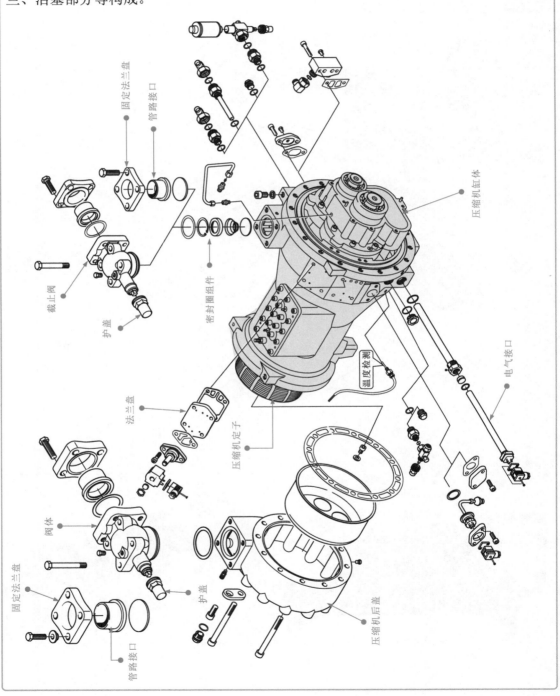

174

图7-14 螺杆式压缩机缸体的内部结构

图7-14为螺杆式压缩机缸体的内部结构。

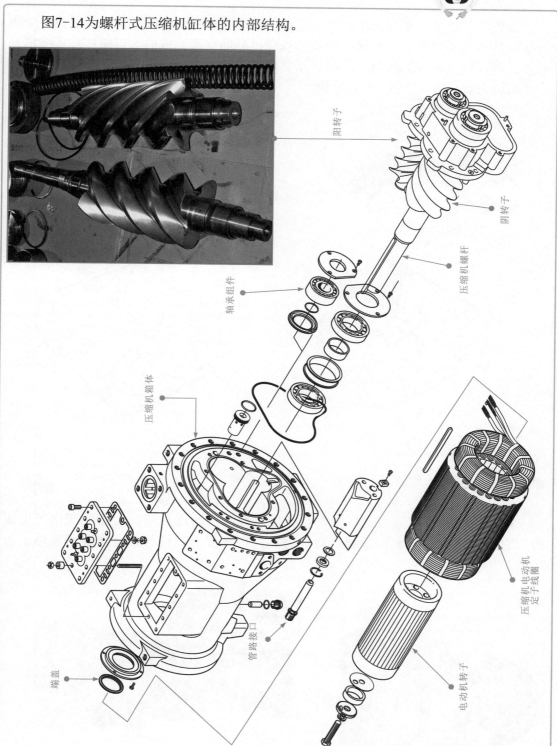

图7-15 螺杆式压缩机的工作特点

如图7-15所示，螺杆式压缩机的工作是依靠啮合运动着的一个阳转子与一个阴转子，并借助于包围这一对转子四周的机壳内壁的空间完成的。当螺杆式压缩机开始工作时，进气口开始吸气，经阳转子、阴转子的啮合运动对气体开始进行压缩，当压缩结束后，将气体由出气口排出。

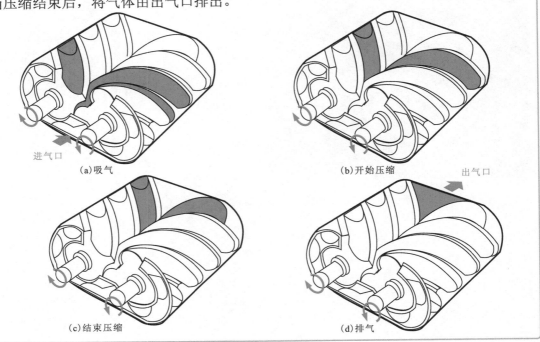

进气口
(a)吸气

(b)开始压缩

出气口

(c)结束压缩

(d)排气

❸ 离心式变频压缩机

图7-16 离心式变频压缩机

如图7-16所示，离心式压缩机是利用内部叶片高速旋转，使速度变化产生压力，它具有单机容量大，承载负载能力高，但其低负载运行时会出现间歇停止的特点。

水冷式商用中央
空调水冷机组

离心式压缩机

壳管式蒸发器

壳管式冷凝器

7.2.2 压缩机的检测代换

压缩机是中央空调制冷管路中的核心部件，若压缩机出现故障，将直接导致中央空调出现不制冷（热）、制冷（热）效果差、噪声等现象，严重时可能还会导致中央空调系统无法启动开机的故障。

❶ 压缩机的检测方法

图7-17 涡旋式变频压缩机的检测

如图7-17所示，以涡旋式变频压缩机为例，若变频压缩机出现异常，需要先将变频压缩机接线端子处的护盖拆下，再使用万用表检测变频压缩机接线端子间的阻值即可判断变频压缩机是否出现故障。

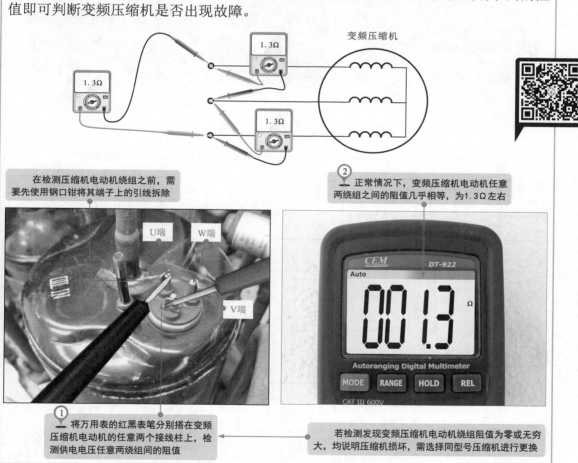

变频压缩机

在检测压缩机电动机绕组之前，需要先使用钢口钳将其端子上的引线拆除

② 正常情况下，变频压缩机电动机任意两绕组之间的阻值几乎相等，为1.3Ω左右

U端 W端 V端

① 将万用表的红黑表笔分别搭在变频压缩机电动机的任意两个接线柱上，检测供电电压任意两绕组间的阻值

若检测发现变频压缩机电动机绕组阻值为零或无穷大，均说明压缩机损坏，需选择同型号压缩机进行更换

观测万用表显示的数值，正常情况下，变频压缩机电动机任意两绕组之间的阻值几乎相等。若检测时发现有电阻值趋于无穷大的情况，说明绕组有断路故障，需要对其进行更换。

变频压缩机内电动机多为三相永磁转子式交流电动机，其内部为三相绕组，正常情况下，其三相绕组两两之间均有一定的阻值，且三组阻值是完全相同的。

若经过检测确定为变频压缩机本身损坏引起的中央空调系统故障，则需要对损坏的变频压缩机进行更换。

如图7-18所示，螺杆式压缩机属于一种大型设备，检修或代换都需要专业的操作技能。一旦确定螺杆式压缩机出现故障时，应从故障表现入手完成故障检修。

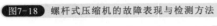

图7-18 螺杆式压缩机的故障表现与检测方法

启动负荷大、不能启动或启动后立即停机保护	机组振动过大；有明显噪声	压缩机制冷能力或制冷量不足	压缩机结霜严重或机体温度过低	压缩机机体温度过高
• 压缩机内磨损烧伤 • 电源供电电压过低 • 压力控制器或温度传感器调节不当 • 压差控制器或继电器断开没复位 • 电动机绕组烧毁或断路 • 交流接触器损坏 • 温度控制器调整不当或异常 • 电路系统异常	• 机组地脚未紧固 • 机组与管道共振 • 吸入过量的液体制冷剂 • 压缩机内有异物 • 轴承过度磨损或损坏 • 联轴部分松动	• 滑阀的位置不合适或其他故障 • 吸气过滤器堵塞 • 压缩机轴承磨损后间隙过大 • 冷却水量不足或水温过高 • 干燥过滤器阻塞 • 节流阀脏堵或冰堵 • 系统内有较多空气 • 制冷剂泄漏过多 • 冷凝器或贮液器的出液阀开启过小 • 高低压系统间泄漏	• 热力膨胀阀开启过大 • 热负荷过小 • 热力膨胀阀感温包未扎紧或捆扎位置不正确	• 运动部件有不正常摩擦 • 吸气严重过热 • 排气压力过高 • 油温过高 • 机内杂质等造成压缩机烧伤 • 喷油量不足
• 拆卸压缩机对内检修 • 检修电路系统，按要求供电 • 调整压力控制器或温度感器 • 按下复位键，使其复位 • 拆卸压缩机检修内部绕组部分 • 检修交流接触器 • 重新调整或更换温度控制器 • 检修电路系统	• 旋紧地脚螺栓，改变管道支撑点，排除共振 • 停机，使液体排出压缩机 • 检修压缩机及吸气过滤网 • 更换轴承 • 紧固螺栓或更换联轴器	• 检修滑阀 • 清洗吸气过滤器 • 检修和更换轴承 • 调整水量，开启或检修冷却水塔 • 清洗或更换干燥过滤器滤芯 • 清洗节流阀 • 排放空气 • 检查漏点，补充制冷剂 • 调节出液阀 • 检查回油阀	• 适当关小阀门 • 减小供液或压缩机减载 • 按要求重新捆扎或更换	• 拆卸压缩机对内检修 • 适当调大节流阀 • 检查高压系统及冷却水系统 • 检修水冷油冷却器和喷液油冷却系统 • 停机检查压缩机内部，排出杂质 • 增加喷油量

❷ 压缩机的代换方法

图7-19为涡旋式变频压缩机的代换方法。

图7-19 涡旋式变频压缩机的代换

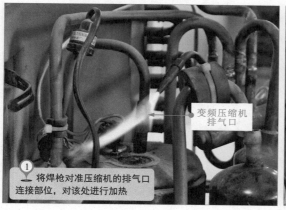

变频压缩机
排气口

① 将焊枪对准压缩机的排气口
连接部位，对该处进行加热

变频压缩机
吸气口

② 将焊枪对准变频压缩机的吸
气口，对该处进行加热

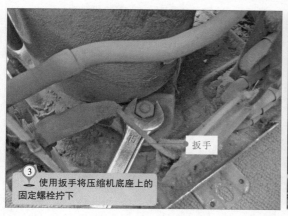

扳手

③ 使用扳手将压缩机底座上的
固定螺栓拧下

变频压缩机

④ 拧下螺栓后，便可将变频压
缩机从室外机中取出

损坏的压缩机

新的压缩机

新变频压缩机

⑤ 选用与原变频压缩机的型号、规格参
数、体积大小等相同的压缩机准备代换

⑥ 将新的变频压缩机放置到变
频空调器室外机中

图7-20 螺杆式压缩机主要部件的代换

图7-20为螺杆式压缩机内主要部件的代换方法。

① 拆卸螺杆式压缩机一侧端盖，检查内部轴承、绕组等部分有无损伤

② 检查轴承钢珠有无磨损，若磨损严重更换轴承

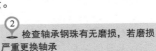

绕组

轴承

钢珠

轴承

③ 拆卸螺杆式压缩机另一侧端盖及连轴部分，找到阴阳转子进行检查

④ 拆下阴阳转子检查有无明显损伤，若损伤严重应用同规格转子更换

阴转子

阳转子

阴转子

阳转子

检修代换压缩机时应注意：

● 在拆卸损坏的压缩机之前，应当查制冷系统以及电路系统中导致压缩机损坏的原因，再合理更换相关损坏器件，避免再次损坏的情况发生。

● 必须对损坏压缩机中的制冷剂进行回收，回收过程中要保证空调主机房的空气流通。

● 在选择更换的压缩机时，应当尽量选择相同厂家的同型号压缩机进行更换。

● 将损坏的压缩机取下并更换新压缩机后，应当使用氮气对制冷剂循环管路进行清洁。

● 对系统进行抽真空操作，应执行多次抽真空操作，保证管路系统内部绝对的真空状态，系统压力达到标准数值。

● 压缩机安装好后，应当在关机状态下对其充注制冷剂，当充注量达到60%之后，将中央空调器开机，继续充注制冷剂，使其达到额定充注量时停止。

● 拆卸压缩机，打开制冷管路后，代换压缩机后需要同时更换干燥过滤器。

7.3 闸阀组件的检修

7.3.1 闸阀组件的特点

中央空调系统中的闸阀组件主要有电磁四通阀、单向阀、毛细管、干燥过滤器等。闸阀组件在制冷系统中用以控制制冷剂的运行状态，是制冷系统中重要器件。

① 电磁四通阀

图7-21 电磁四通阀

如图7-21所示，电磁四通阀是一种用于控制制冷剂流向的器件，一般安装在中央空调室外机的压缩机附近，可以通过改变压缩机送出制冷剂的流向来改变空调系统的制冷和制热状态。

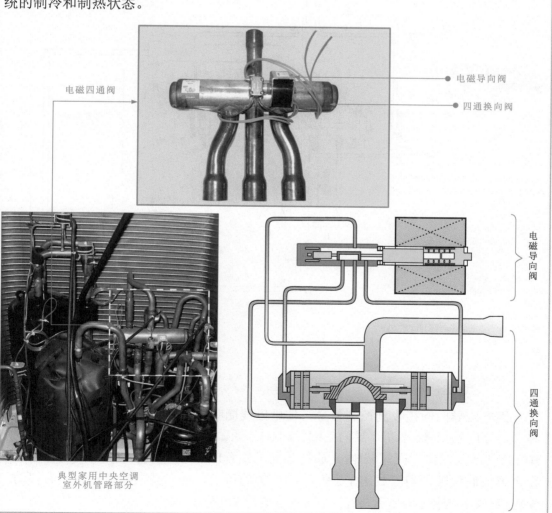

电磁四通阀

电磁导向阀

四通换向阀

典型家用中央空调
室外机管路部分

电磁导向阀

四通换向阀

电磁四通阀中的电磁导向阀部分是由阀芯、弹簧、衔铁电磁线圈等构成；四通换向阀部分是由滑块、活塞与四根连接管路等构成。四通换向阀上的四根连接管路分别可以连接压缩机排气孔、压缩机吸气孔、蒸发器与冷凝器。电磁导向阀部分是通过三根毛细管与四通换向阀部分进行连接的。

　　在工作时，当电磁四通阀中的电磁导向阀接收到控制信号后，驱动电磁线圈牵引衔铁运动，电磁铁带动阀芯动作，从而改变毛细管导通的位置。而毛细管的导通可以改变管路中的压力，当压力发生改变时，四通换向阀中的活塞带动滑块动作，实现换向工作。

图7-22 电磁四通阀由制冷状态转换成制热状态的工作过程

图7-22为电磁四通阀由制冷状态转换成制热状态的工作过程。

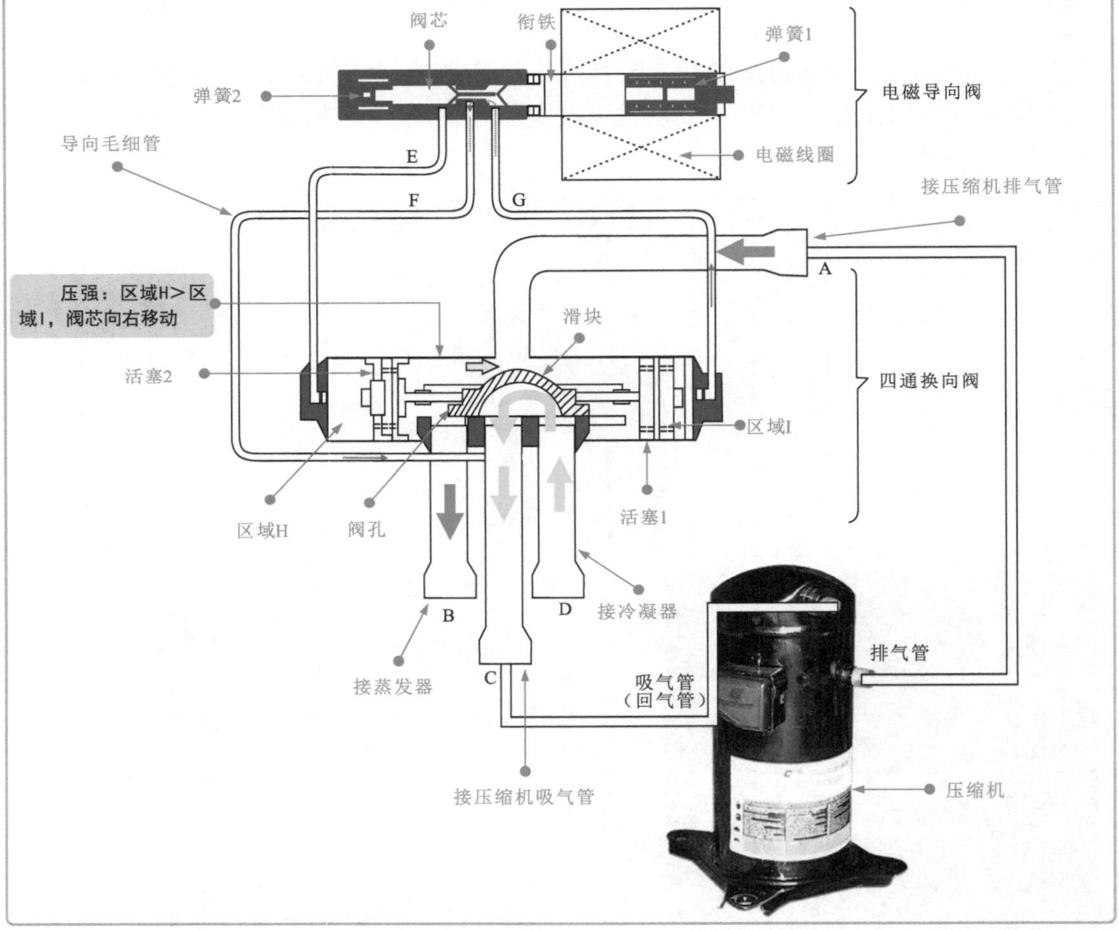

　　当电磁导向阀接收到控制信号，使电磁线圈吸引衔铁动作，衔铁带动阀芯向右移动，导向毛细管E堵塞，导向毛细管F与G导通。由于导向毛细管E堵塞，而使区域H内充满高压气体；而区域I内，通过导向毛细管F、G及C管与压缩机回气管相通，使之形成低压区，当区域H的压强大于区域I的压强，滑块被活塞带动，向右移动，使连接管C和连接管D相通，连接管A和连接管B相通。

图7-23 电磁四通阀由制热状态转换成制冷状态的工作过程

图7-23为电磁四通阀由制热状态转换成制冷状态的工作过程。

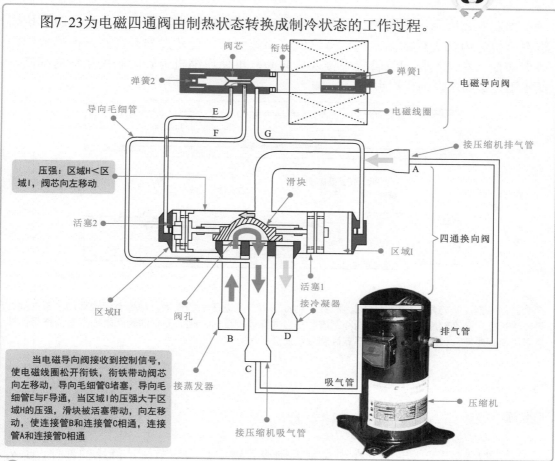

压强：区域H<区域I，阀芯向左移动

当电磁导向阀接收到控制信号，使电磁线圈松开衔铁，衔铁带动阀芯向左移动，导向毛细管G堵塞，导向毛细管E与F导通，当区域I的压强大于区域H的压强，滑块被活塞带动，向左移动，使连接管B和连接管C相通，连接管A和连接管D相通

② 单向阀

图7-24 单向阀

如图7-24所示，单向阀具有单向导通反向截止的特性。

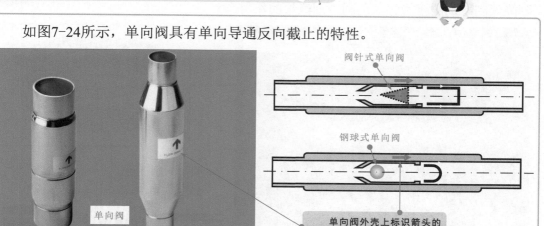

阀针式单向阀

钢球式单向阀

单向阀外壳上标识箭头的方向为允许制冷剂流动的方向

单向阀

图7-25 单向阀的工作特点

如图7-25所示，单向阀具有单向导通反向截止的特性。其主要作用是防止压缩机在停机时内部大量的高温高压蒸汽倒流向蒸发器，使蒸发器升温，从而导致制冷效率降低。在压缩机回气管路中接入单向阀，可使压缩机停转时制冷系统内部高、低压迅速平衡，以便再次启动。

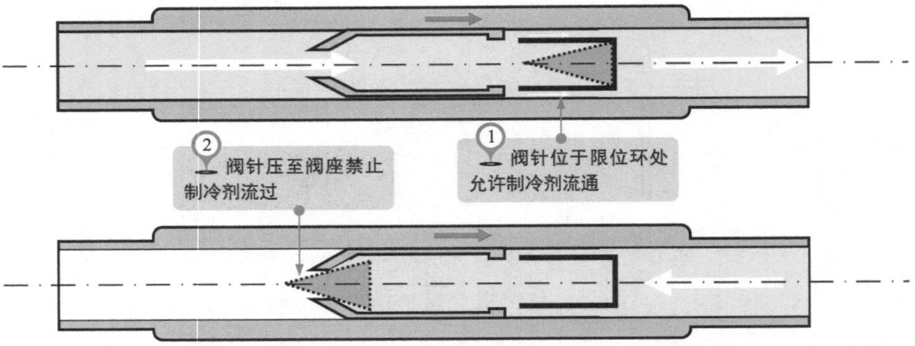

当制冷剂流向与方向标识一致时，阀针受制冷剂本身流动压力的作用，被推至限位环内，单向阀处于导通状态，允许制冷剂流通；当制冷剂流向与方向标识相反时，阀针受单向阀两端压力差的作用，被紧紧压在阀座上，处于截止状态，不允许制冷剂流通。

③ 毛细管

图7-26 毛细管

如图7-26所示，毛细管在中央空调制冷管路中是实现节流、降压的部件，其外形是一段又细又长的铜管，通常盘绕在室外机中，安装在蒸发器与干燥过滤器之间。当液态制冷剂流入毛细管时，会增强制冷剂在制冷管路中流动的阻力，从而起到降低制冷剂的压力、限制制冷剂流量的作用。

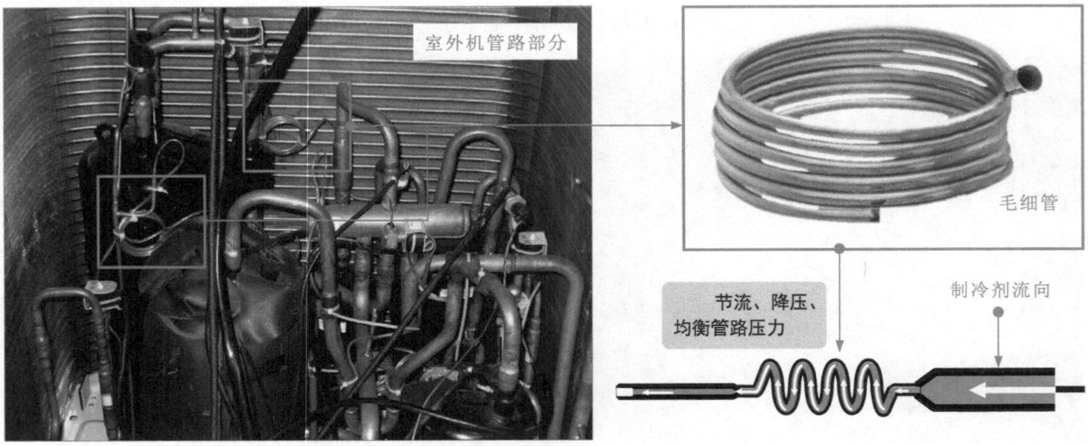

❹ 电子膨胀阀

图7-27 电子膨胀阀

如图7-27所示，电子膨胀阀是一种由电子电路进行控制的膨胀阀，它可以通过电子信号控制阀芯的位置来控制制冷剂的流量，而且可以双向导通，弥补了毛细管节流量不能调整的缺点，是一款高档节流降压元件。

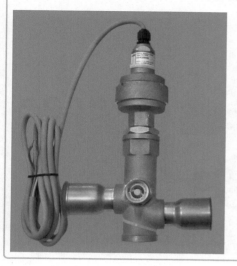

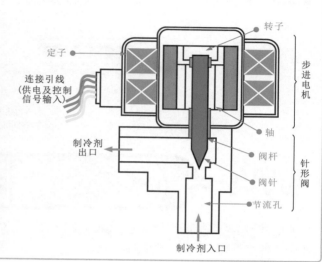

❺ 分歧管

图7-28 分歧管

如图7-28所示，分歧管是指在制冷循环管路中，用于实现分支的部件，也称为分支管或分歧器。

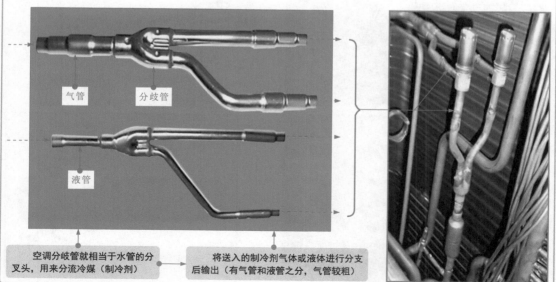

6 干燥过滤器

如图7-29所示，干燥过滤器一般安装于冷凝器与毛细管或电子膨胀阀之间。用于吸收制冷管路中多余的水分，防止管路产生冰堵，并减少水分对管路系统的腐蚀；还可以对管路中的杂质进行过滤，防止出现脏堵现象。

图7-29 干燥过滤器

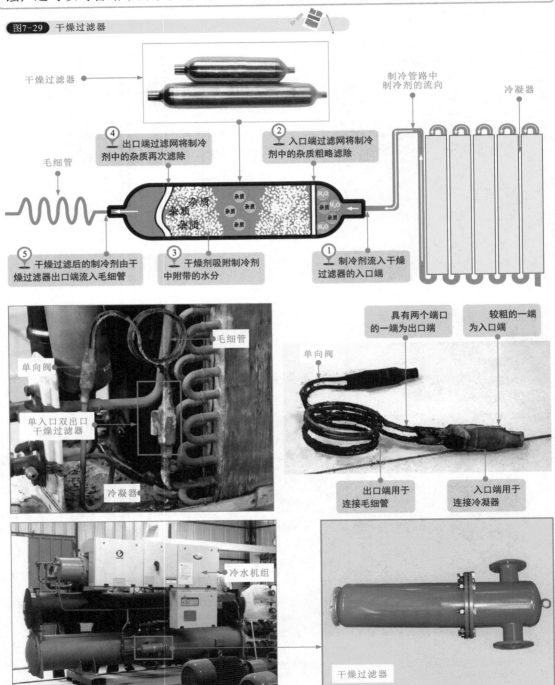

7.3.2 电磁四通阀的检测代换

电磁四通阀主要用来控制制冷管路中制冷剂的流向，实现制冷、制热时制冷剂的循环。电磁四通阀常出现的故障有线圈断路、短路、无控制信号、控制失灵、内部堵塞、换向阀块不动作、串气以及泄漏等。

图7-30 电磁四通阀的故障检修方法

图7-30为电磁四通阀的常见故障的检修方法。

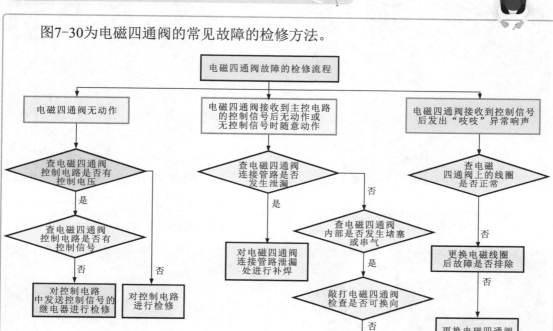

❶ 电磁四通阀管路泄漏的检测方法

图7-31 电磁四通阀管路泄漏的检测方法

图7-31为电磁四通阀管路泄漏的检测方法。

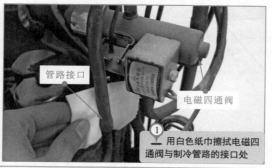

① 用白色纸巾擦拭电磁四通阀与制冷管路的接口处

② 擦拭电磁四通阀与制冷管路的接口检查是否有油污

② 电磁四通阀内堵或串气的检修方法

图7-32为电磁四通阀内堵或串气的检修方法。电磁四通阀内部发生堵塞或串气时，常会导致电磁四通阀在没有接收到自动换向的指令时，自行进行换向动作；或接收到换向指令后，电磁四通阀内部无动作的故障。

图7-32　电磁四通阀内堵或串气的检修方法

① 用手分别触摸电磁四通阀的4个连接管路，通过与正常温度进行对比，判定堵塞位置

当制冷时，与蒸发器连接的管路温度冷；进行制热时，与蒸发器连接的管路温度热。若温度错误，说明发生堵塞或串气

② 当确定电磁四通阀内部堵塞时，可用木棒轻轻敲击电磁四通阀，使其内部的滑块归位

③ 若当敲击无法使电磁四通阀恢复正常时，应当进行更换

正常情况下，电磁四通阀连接管路的温度应符合标准。若当温度完全相同时，说明电磁四通阀内部串气，应当对其进行更换；若当温度与正常温度相差过大时，说明电磁四通阀内部发生堵塞，可以通过敲击的方法将故障排除；若仍不能排除时，可以通过更换电磁四通阀将其故障排除

家用中央空调器的工作情况	接压缩机排气管	接压缩机吸气管	接蒸发器	接冷凝器
制冷状态	热	冷	冷	热
制热状态	热	冷	热	冷

③ 电磁四通阀线圈的检测方法

图7-33为电磁四通阀线圈的检测方法。电磁四通阀内的线圈故障时，会导致电磁四通阀可以正常接收控制信号，但收到控制信号后发出异常的响声。可以通过检测线圈的绕组阻值对其好坏进行判断，若其出现故障时，应当对电磁四通阀或对线圈进行更换。

图7-33 电磁四通阀线圈的检测方法

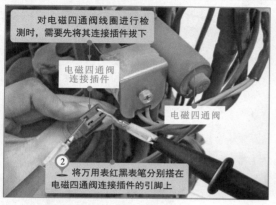

对电磁四通阀线圈进行检测时，需要先将其连接插件拔下

电磁四通阀连接插件

电磁四通阀

② 将万用表红黑表笔分别搭在电磁四通阀连接插件的引脚上

③ 正常情况下，万用表测得的阻值约为1.468kΩ

① 将万用表挡位旋钮调至欧姆挡

④ 电磁四通阀的代换方法

如图7-34所示，电磁四通阀通常安装在室外机变频压缩机上方，与多根制冷管路相连。使用气焊设备和钳子对电磁四通阀进行拆焊。

图7-34 电磁四通阀的拆卸方法

待电磁四通阀的连接管路全部拆焊后，即可将损坏的电磁四通阀卸下

损坏的电磁四通阀

① 使用螺钉旋具将电磁四通阀线圈上的固定螺钉拧下，取下线圈部分

② 使用焊枪对电磁四通阀上与变频压缩机吸气管相连的管路进行加热，待加热一段时间后使用钳子将管路分离

线圈

螺丝刀

电磁四通阀

电磁四通阀

焊枪

图7-35为电磁四通阀线圈的代换方法。待损坏的电磁四通阀卸下后,需选择与损坏电磁四通阀相同规格的电磁四通阀进行代换。将良好的同规格电磁四通阀重新焊接到制冷管路中即可。

图7-35 电磁四通阀的代换方法

新的电磁四通阀

电磁四通阀连接的管路

拆卸完成电磁四通阀

① 选用与原电磁四通阀的规格参数、体积大小等相同的新电磁四通阀准备代换

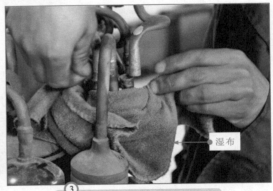

湿布

② 将新电磁四通阀放置到原电磁四通阀位置,注意对齐管路

③ 在电磁四通阀阀体上覆盖一层湿布,防止焊接时阀体过热

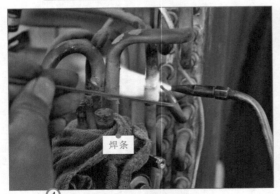

焊条

④ 使用气焊设备将新电磁四通阀的4根管路分别与制冷管路焊接在一起

⑤ 焊接完成后,进行检漏、抽真空、充注制冷剂等操作,再通电试机,故障排除

7.3.3 干燥节流组件的检测代换

干燥过滤器、单向阀和毛细管是空调制冷系统中的干燥节流组件。其最易出现的故障就是脏堵、油堵或冰堵。一旦干燥节流组件出现故障会引起中央空调不制冷（热）或制冷（热）效果差的现象。

① 干燥过滤器的故障诊断

图7-36 干燥过滤器的故障诊断

图7-36为干燥过滤器的故障判别方法。干燥过滤器主要用于过滤和吸收制冷管路中多余的水分与脏污，当干燥过滤器故障时，会导致制冷剂循环系统出现脏堵、冰堵等故障。以多联式中央空调制冷系统中的干燥过滤器为例，可通过观察和触摸感知温度的方法来进行故障判别。

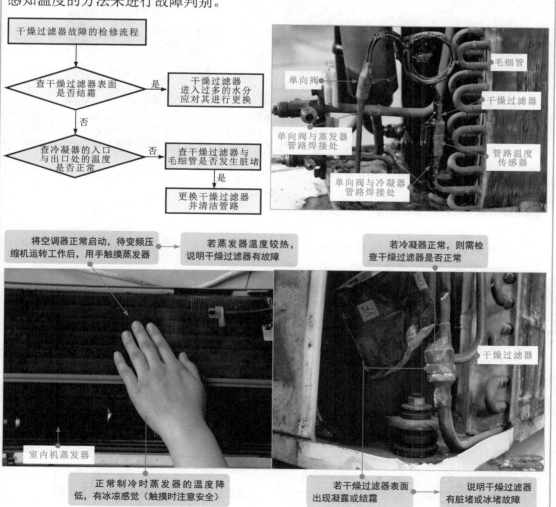

❷ 单向阀的故障诊断

图7-37为单向阀的故障诊断。单向阀常见的故障主要为阀体内部堵塞、不动作或阀体连接处发生泄漏等，将会导致家用中央空调系统制冷制热效果差、无法进行制冷或制热等故障。

图7-37 单向阀的故障诊断

单向阀泄漏时，会影响整个家用中央空调器的制冷或制热效果。单向阀泄漏多位于与管路的接口处，多是由制造或维修时焊接不良造成，当发现后应当及时对泄漏点进行补焊

单向阀堵塞时，会导致制冷剂无法流通，家用中央空调无法进行制冷和制热。单向阀发生堵塞多数是由于阀体内部进入脏污的杂质，所以应当对单向阀整体进行更换，并使用氮气对管路进行清洁

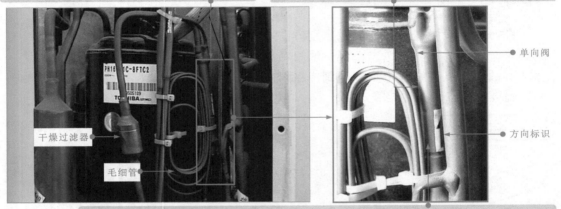

干燥过滤器

毛细管

单向阀

方向标识

单向阀老化时，会导致阀体内部的尼龙阀卡在限位环中或卡在阀座中。当尼龙阀卡在阀座中时，制冷剂无法流过，也会导致家用中央空调无法进行制冷和制热；当尼龙阀卡在限位环中时，单向阀无法限制制冷剂的流量，从而导致制冷或制热效果差。此时应当更换单向阀。更换时的焊接过程中，应当注意避免温度过高导致阀体内部损坏

❸ 毛细管的故障诊断

图7-38 毛细管的故障诊断

图7-38为毛细管的故障诊断方法。

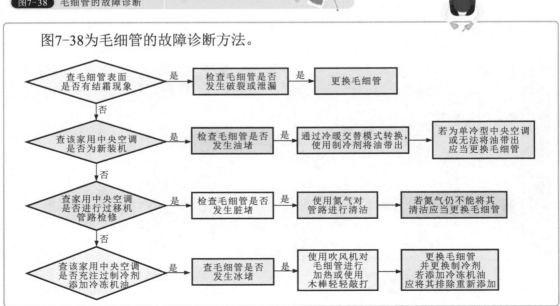

❹ 干燥节流组件的代换方法

图7-39为干燥节流组件的拆卸方法。通常,若干燥节流组件中任何一个部件出现堵塞或泄漏,都需要将干燥节流组件进行整体代换以确保制冷效果。

图7-39 干燥节流组件的拆卸方法

① 用焊枪对单向阀与蒸发器接口处进行加热。 (焊枪)

② 焊接处加热至暗红色后,用钢丝钳钳住单向阀向上提起。

③ 用焊枪对干燥过滤器与冷凝器接口处进行加热。 (焊枪)

④ 加热至暗红色后,用钢丝钳钳住干燥过滤器向上提起。 (钢丝钳 / 焊枪)

⑤ (与蒸发器连接的管路 / 与冷凝器连接的管路)

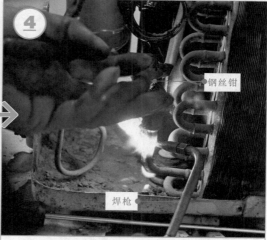

⑥ (单向阀 / 干燥过滤器 / 毛细管)

将毛细管、干燥过滤器、单向阀从空调器管路上取出。

图7-40为干燥节流组件的代换方法。

图7-40 干燥节流组件的代换方法

① 干燥过滤器

将选用的新毛细管、干燥过滤器、单向阀组件的干燥过滤器一端插入冷凝器管路中。

② 单向阀

将选用的新毛细管、干燥过滤器、单向阀组件的单向阀一端插入蒸发器管路中。

③ 焊枪

使用焊枪加热单向阀与蒸发器的管路接口处。

④ 焊条

当单向阀与管路接口处呈现暗红色时，将焊条放到焊口处熔化，对接口处进行焊接。

⑤

使用焊枪对干燥过滤器与冷凝器的管路接口处进行焊接。

⑥ 焊接完成的管路接口

焊接完成的管路接口

对焊接部位进行检漏并对制冷管路进行抽真空、充注制冷剂操作，通电试机，故障排除。

7.4 风机盘管的检修维护

7.4.1 风机盘管的特点

风机盘管是中央空调系统中非常重要的室内末端设备。其主要作用是将制冷管路输送来的冷量（热量）吹入室内，以实现温度调节。

图7-41 风机盘管的结构

图7-41为典型风机盘管的结构组成。风机盘管主要是由出水口、进水口、排气阀、凝结水出口、积水盘、管道接口支架、接线盒、回风箱、过滤网、风扇组件、电加热器（可选）、盘管、出风口等部分构成。

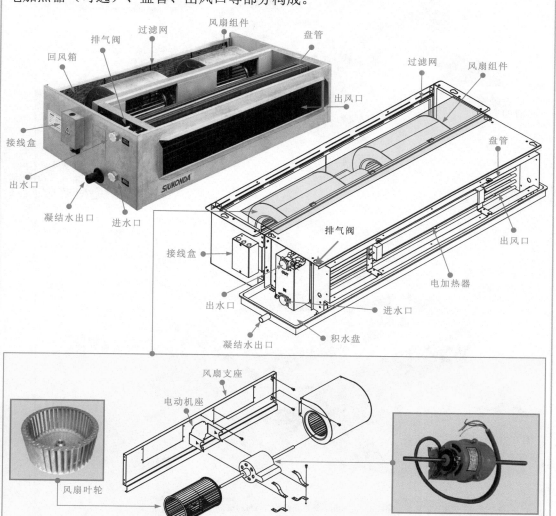

图7-42 风机盘管的工作特点

图7-42为典型风机盘管的工作特点。

当中央空调进系统行制冷时，由入水口将冷水送入风机盘管中，冷水会通过盘管进行循环，此时风扇组件中的电动机接到启动信号带动风扇进行运转，使空气通过进风口进入与盘管中的冷水发生热交换，对空气进行降温，再由风扇将降温后的空气送出，使其对室内进行降温

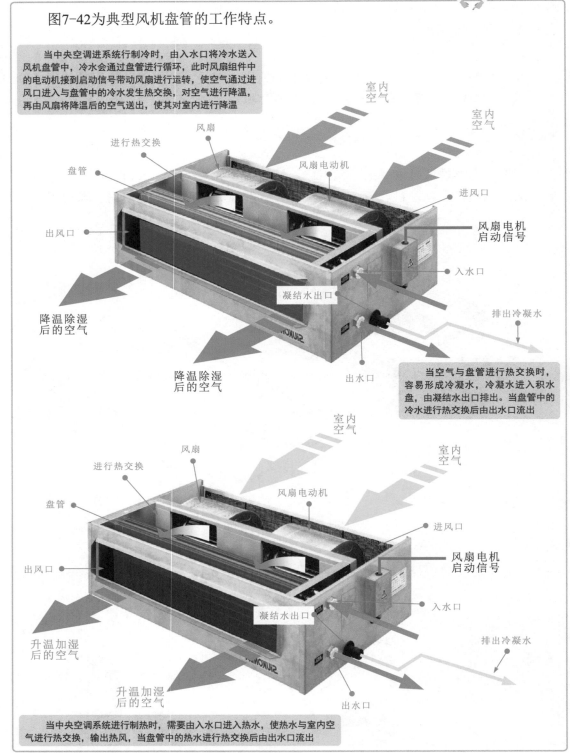

当空气与盘管进行热交换时，容易形成冷凝水，冷凝水进入积水盘，由凝结水出口排出。当盘管中的冷水进行热交换后由出水口流出

当中央空调系统进行制热时，需要由入水口进入热水，使热水与室内空气进行热交换，输出热风，当盘管中的热水进行热交换后由出水口流出

7.4.2 风机盘管的检修代换

风机盘管常见故障有无法启动、风量小或不出风、风不冷（或不热）、机壳外部结露、漏水、运行中有噪声等，可通过对损坏部位进行检修或代换来排除故障。

图7-43 风机盘管的故障检修

图7-43为风机盘管的常见故障检修方法。对风机盘管进行检修时，重点应针对不同故障表现进行相应的检修处理。

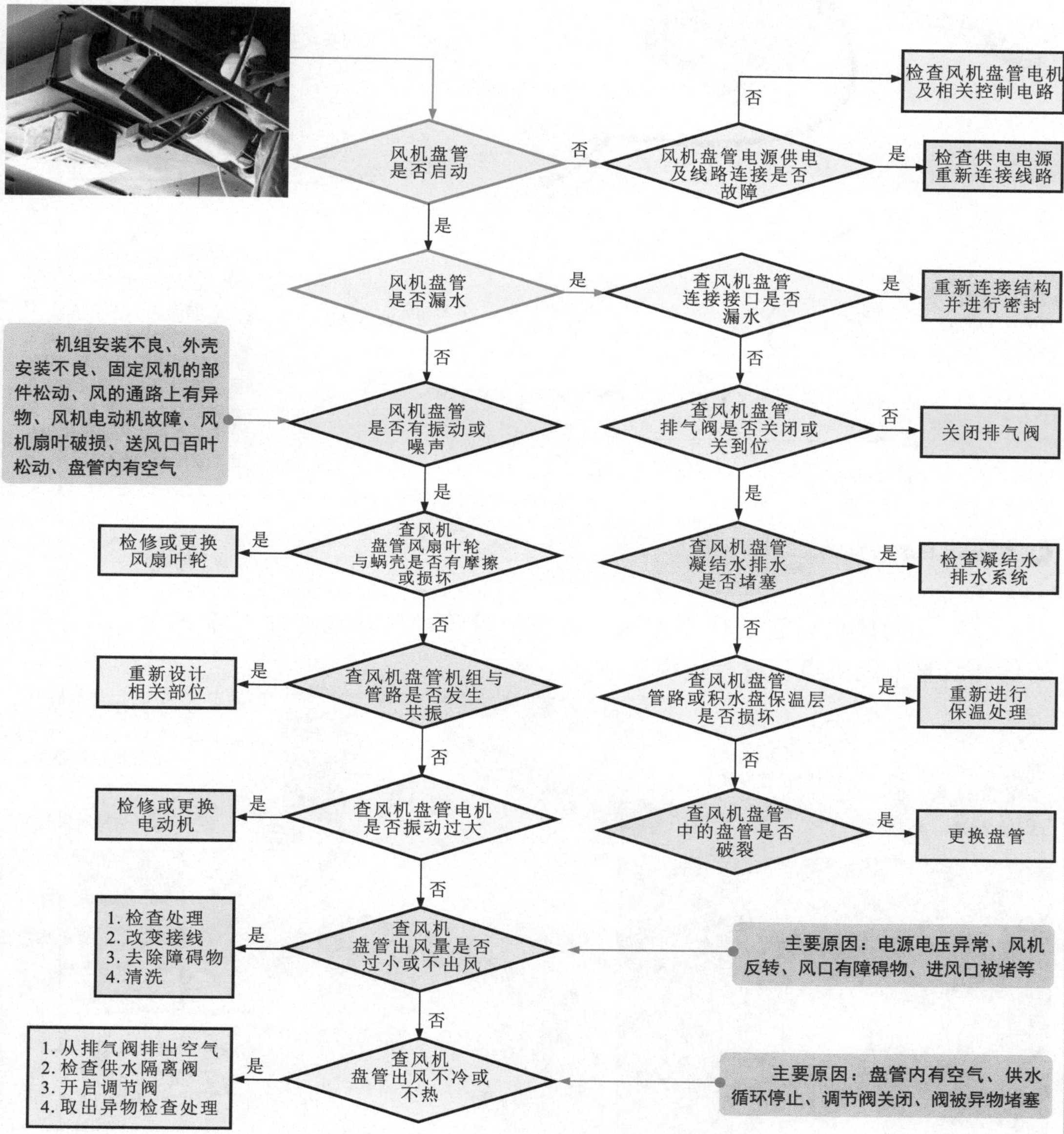

图7-44 风机盘管风扇电动机的检测方法

图7-44为风机盘管风扇电动机的检测方法。可使用万用表对风扇电机绕组间的阻值进行检测。

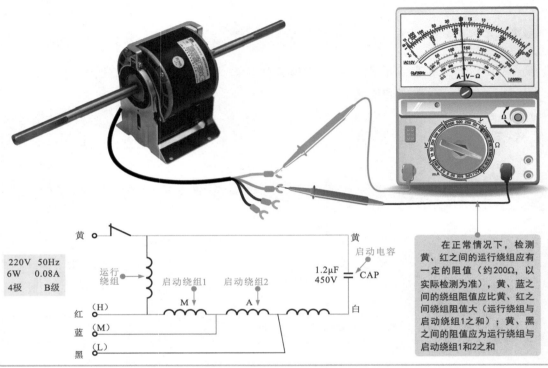

在正常情况下，检测黄、红之间的运行绕组应有一定的阻值（约200Ω，以实际检测为准），黄、蓝之间的绕组阻值比黄、红之间绕组阻值大（运行绕组与启动绕组1之和）；黄、黑之间的阻值应为运行绕组与启动绕组1和2之和

图7-45 风机盘管的代换方法

图7-45为风机盘管的代换方法。若风机盘管内部功能部件损坏严重，应对损坏的部件或整个风机盘管进行代换。

① 将损坏的风机盘管与中央空调管路系统分离，取下风机盘管

② 选配同规格的风机盘管准备进行整体代换

若仅为风扇电动机损坏直接更换风扇电动机即可

③ 更换风扇电动机

风机盘管

7.5 冷却水塔的检修维护

7.5.1 冷却水塔的特点

冷却水塔是水冷式中央空调冷却水循环系统中重要的组成部分。其主要作用是对冷却水进行降温。

图7-46 冷却水塔的作用

如图7-46所示，将降温后的水经水管路送到冷凝器中，对冷凝器进行降温。当水与冷凝器进行热交换后，水温升高由冷凝器的出水口流出，经过冷却水泵循环将其再次送入冷却水塔中进行降温，冷却水塔再将降温后的水送入冷凝器，再次进行热交换，从而形成一套完整的冷却水循环系统。

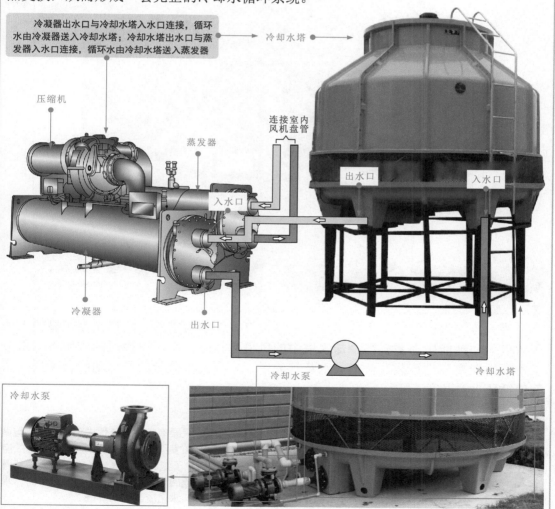

冷凝器出水口与冷却水塔入水口连接，循环水由冷凝器送入冷却水塔；冷却水塔出水口与蒸发器入水口连接，循环水由冷却水塔送入蒸发器

冷却水塔

压缩机

蒸发器

连接室内风机盘管

入水口

出水口

入水口

冷凝器

出水口

冷却水泵

冷却水塔

冷却水泵

图7-47 冷却水塔的工作特点

如图7-47所示，当干燥的空气经风机抽动后，由进风窗进入冷却水塔内，蒸汽压力大的高温分子向压力低的空气流动，热水由冷却水塔的入水口进入，经布水器后送至各布水管中，并向淋水填料中进行喷淋。当与空气接触，空气与水直接进行传热形成水蒸气，水蒸气与新进入的空气之间存在压力差，在压力的作用下进行蒸发，从而达到蒸发散热，即可将水中的热量带走，从而达到降温的目的。

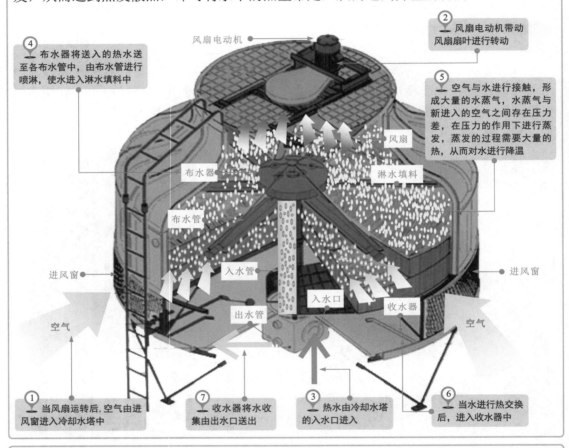

④ 布水器将送入的热水送至各布水管中，由布水管进行喷淋，使水进入淋水填料中

风扇电动机

② 风扇电动机带动风扇扇叶进行转动

⑤ 空气与水进行接触，形成大量的水蒸气，水蒸气与新进入的空气之间存在压力差，在压力的作用下进行蒸发，蒸发的过程需要大量的热，从而对水进行降温

风扇

布水器

淋水填料

布水管

进风窗

入水管

进风窗

出水管

入水口

收水器

空气

空气

① 当风扇运转后，空气由进风窗进入冷却水塔中

⑦ 收水器将水收集由出水口送出

③ 热水由冷却水塔的入水口进入

⑥ 当水进行热交换后，进入收水器中

进入冷却水塔的空气为低湿度的干燥空气，在水与空气之间存在着明显的水分子浓度差和动能压力差。当冷却水塔中的风机运行时，在塔内静压的作用下，水分子不断地向空气进行蒸发，形成水蒸气分子，剩余的水分子的平均动能会降低，从而使循环水的温度下降。

蒸发降温与空气的温度低于或高于循环水的温度均没有关系，只要有空气不断地进入冷却水塔与循环水进行蒸发，即可将水温进行降低。但是，循环水向空气中进行蒸发不是无休止的，当与水接触的空气不饱和时，水分子不断地向空气中进行蒸发，但当空气中的水分子饱和时，水分子就不会再进行蒸发，而是处于一种动平衡的状态。当蒸发的水分子数量与从空气中返回到水中的水分子数量相等时，水温保持不变。因此得知，与水接触的空气越干燥蒸发就越容易进行，水温就越容易降低。

7.5.2 冷却水塔的检测维护

　　冷却水塔是由内部的风扇电动机对风扇扇叶进行控制，并由风扇吹动空气使冷却水塔中淋水填料中的水与空气进行热交换的。冷却水塔出现故障主要表现为无法对循环水进行降温、循环水降温不达标等，该类故障多是由于冷却水塔风扇电动机故障引起风扇停转、布水管内部堵塞无法进行均匀的布水、淋水填料老化、冷却水塔过脏等造成，检修时可重点从这几个方面逐步排查。

图7-48 冷却水塔外壳的检查与修复

　　图7-48为冷却水塔外壳的检查与修复方法。

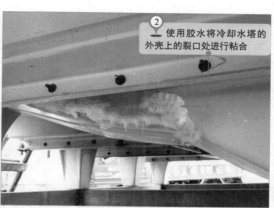

冷却水塔不能对循环水进行正常降温

① 检查冷却水塔外壳是否破裂或漏水

② 使用胶水将冷却水塔的外壳上的裂口处进行粘合

图7-49 冷却水塔风扇扇叶的检查与代换

　　图7-49为冷却水塔风扇扇叶的检查与代换方法。

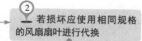

① 检查冷却水塔内的风扇扇叶是否损坏

② 若损坏应使用相同规格的风扇扇叶进行代换

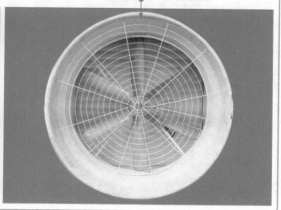

风扇扇叶

图7-50　冷却水塔风扇电动机的检查与修复

图7-50为冷却水塔风扇电动机的检查与修复方法。

风扇电动机

① 检查风扇电动机
能否正常启动运转

② 怀疑风扇电动机损坏，可将风扇
电动机进行拆卸并对内部进行检修

③ 检查风扇轴承
是否润滑

图7-51　冷却水塔风扇填料的检查与更换

图7-51为冷却水塔填料的检查与更换方法。

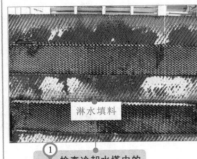

淋水填料

① 检查冷却水塔中的
淋水填料是否发生老化

② 进入冷却水塔内部，
对淋水填料进行更换

图7-52　冷却水塔内部的清污处理

图7-52为冷却水塔内部的清污处理。

高压水枪

① 检查冷却水塔内部
脏污是否过多

② 使用高压水枪将冷
却水塔内部的脏污清除

第8章
中央空调电路系统的维修技能

8.1 中央空调电路系统的检修分析

中央空调的电路系统是指整个系统中的电器部件及控制电路部分，是实现整个系统电气关联和控制的系统。

8.1.1 风冷式中央空调电路系统的特点

如图8-1所示，风冷式中央空调的电路系统主要包括室外机电控箱及相关电气部件和室内机控制及遥控、远程控制系统等部分。

图8-1 风冷式中央空调的电路系统

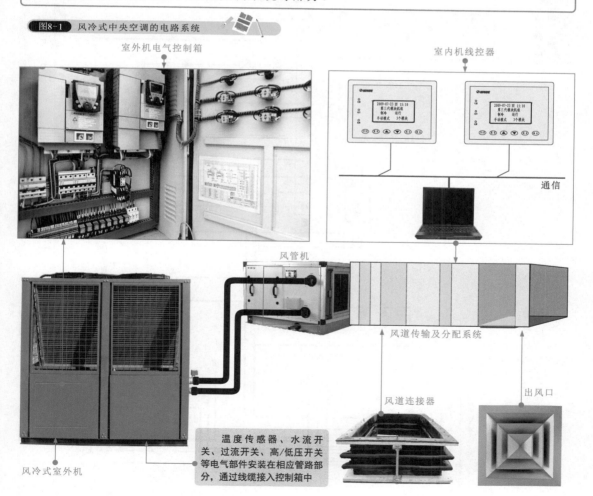

室外机电气控制箱

室内机线控器

通信

风管机

风道传输及分配系统

风道连接器

出风口

风冷式室外机

温度传感器、水流开关、过流开关、高/低压开关等电气部件安装在相应管路部分，通过线缆接入控制箱中

图8-2 风冷式中央空调的电路结构

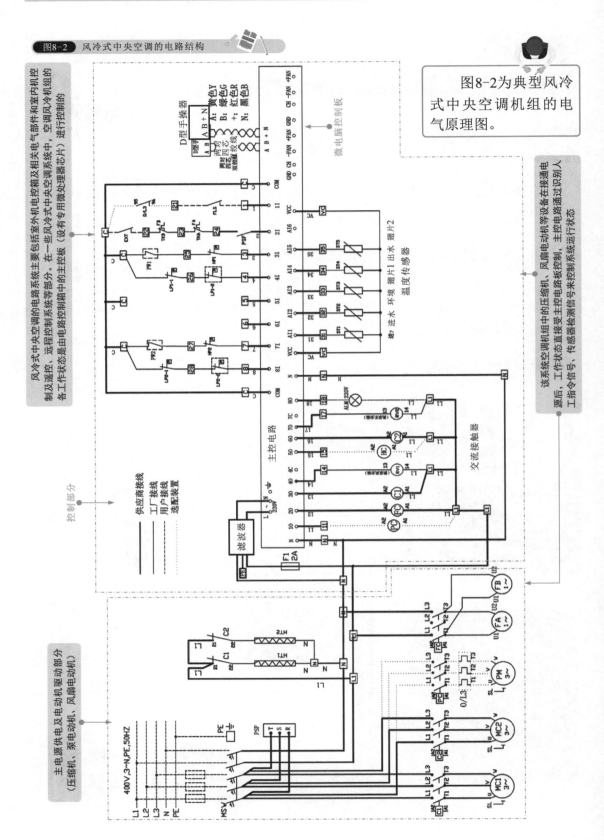

图8-2为典型风冷式中央空调机组的电气原理图。

风冷式中央空调的电路系统主要包括室外机电控箱及相关电气部件和室内机控制及遥控、远程控制系统等部分。在一些风冷式中央空调系统中，空调风冷机组的各工作状态是由电路控制箱中的主控板（设有专用微处理器芯片）进行控制的

该系统空调机组中的压缩机、风扇电动机等设备在接通电源后，工作状态直接受主控电路板控制，主控电路通过识别入工指令信号、传感器检测信号来控制系统运行状态

控制部分

供应商接线
工厂接线
用户接线
选配装置

主电源供电及电动机驱动部分（压缩机、泵电动机、风扇电动机）

8.1.2　水冷式中央空调电路系统的特点

如图8-3所示，水冷式中央空调电路系统主要包括电路控制柜，传感器、检测开关等电气部件，压缩机、水泵等电气设备，室内线控器或遥控器及相关电路部分。

图8-3　水冷式中央空调的电路系统

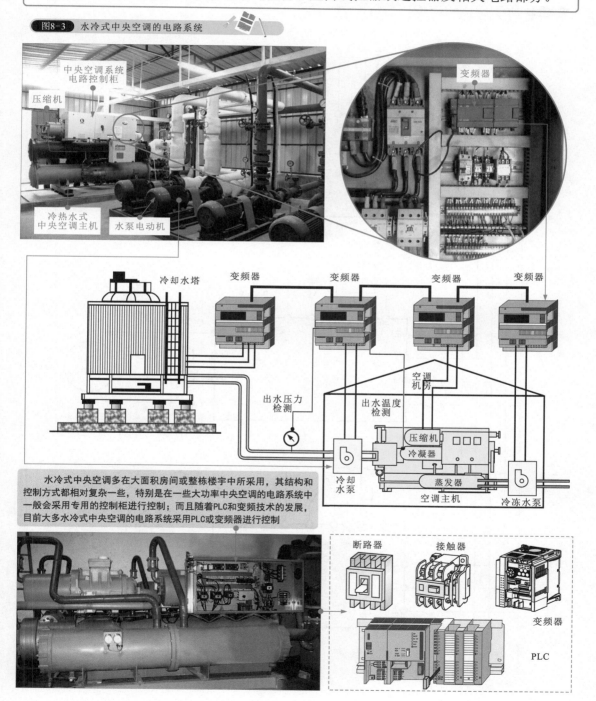

水冷式中央空调多在大面积房间或整栋楼宇中所采用，其结构和控制方式都相对复杂一些，特别是在一些大功率中央空调的电路系统中一般会采用专用的控制柜进行控制；而且随着PLC和变频技术的发展，目前大多水冷式中央空调的电路系统采用PLC或变频器进行控制

❶ 采用变频器控制的水冷式中央空调电路系统

图8-4为典型水冷式中央空调电路系统。该电路采用3台西门子通用型变频器分别控制中央空调系统中的回风机电动机M1和送风机电动机M2、M3。

图8-4 用变频器控制的水冷式中央空调电路系统

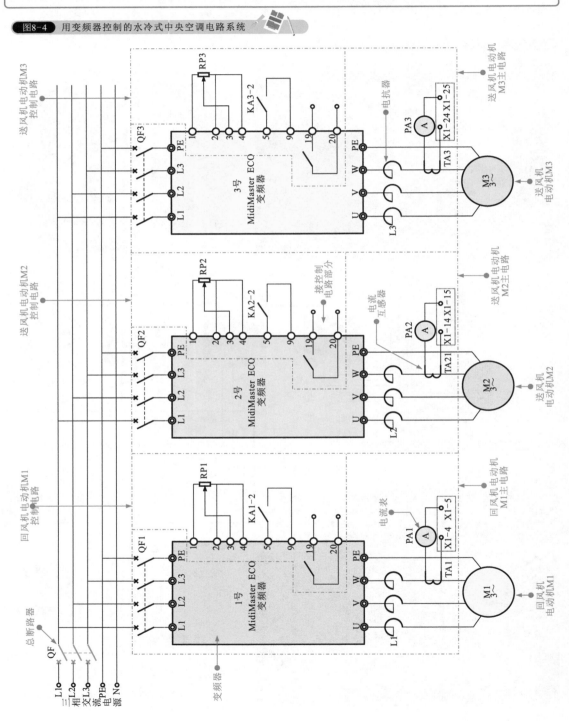

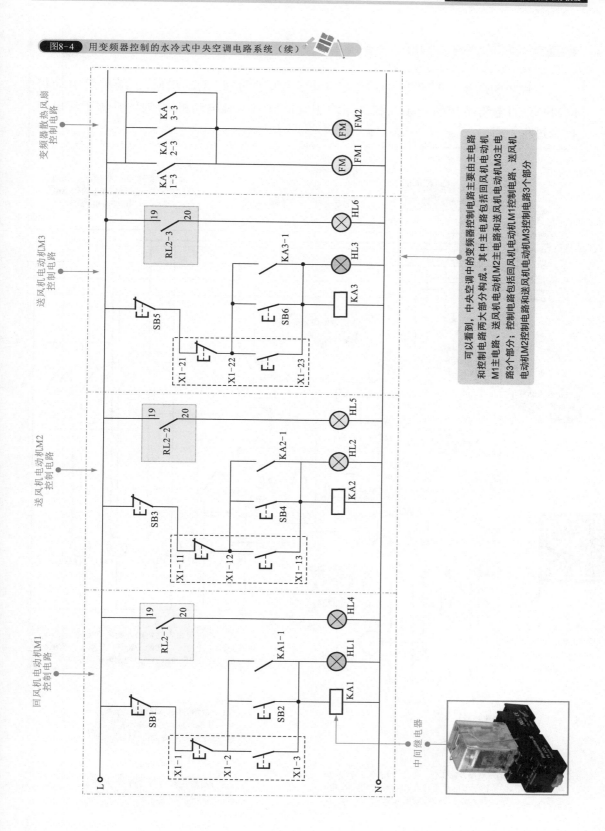

图8-4 用变频器控制的水冷式中央空调电路系统(续)

可以看到,中央空调中的变频器控制电路主要由主电路和控制电路两大部分构成。其中主电路包括回风机电动机M1主电路、送风机电动机M2主电路和送风机电动机M3主电路3个部分;控制电路包括回风机电动机M1控制电路、送风机电动机M2控制电路和送风机电动机M3控制电路3个部分

图8-5 典型水冷式中央空调变频控制电路的控制过程

如图8-5所示，在该中央空调变频电路中，回风机电动机M1、送风机电动机M2和M3的电路结构的变频控制关系均相同，以回风机电动机M1为例具体了解电路控制过程。

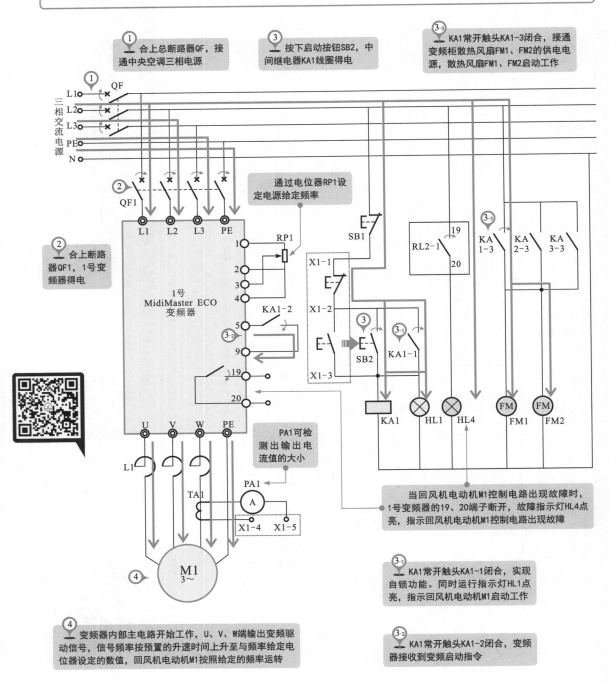

① 合上总断路器QF，接通中央空调三相电源

③ 按下启动按钮SB2，中间继电器KA1线圈得电

3-3 KA1常开触头KA1-3闭合，接通变频柜散热风扇FM1、FM2的供电电源，散热风扇FM1、FM2启动工作

② 合上断路器QF1，1号变频器得电

通过电位器RP1设定电源给定频率

PA1可检测出输出电流值的大小

当回风机电动机M1控制电路出现故障时，1号变频器的19、20端子断开，故障指示灯HL4点亮，指示回风机电动机M1控制电路出现故障

3-1 KA1常开触头KA1-1闭合，实现自锁功能。同时运行指示灯HL1点亮，指示回风机电动机M1启动工作

④ 变频器内部主电路开始工作，U、V、W端输出变频驱动信号，信号频率按预置的升速时间上升至与频率给定电位器设定的数值，回风机电动机M1按照给定的频率运转

3-2 KA1常开触头KA1-2闭合，变频器接收到变频启动指令

图8-5 典型水冷式中央空调变频控制电路的控制过程（续）

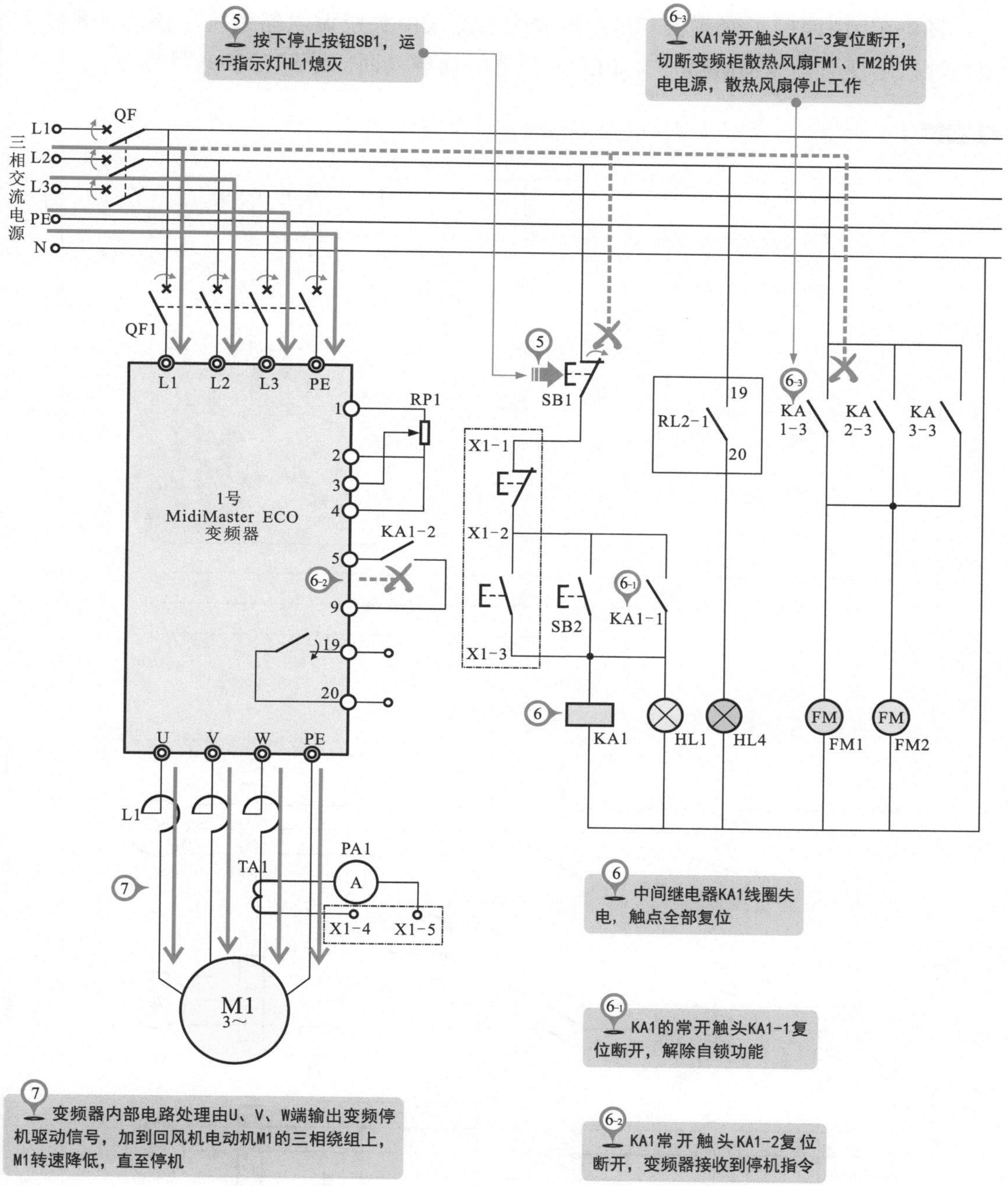

⑤ 按下停止按钮SB1，运行指示灯HL1熄灭

6-3 KA1常开触头KA1-3复位断开，切断变频柜散热风扇FM1、FM2的供电电源，散热风扇停止工作

⑥ 中间继电器KA1线圈失电，触点全部复位

6-1 KA1的常开触头KA1-1复位断开，解除自锁功能

6-2 KA1常开触头KA1-2复位断开，变频器接收到停机指令

⑦ 变频器内部电路处理由U、V、W端输出变频停机驱动信号，加到回风机电动机M1的三相绕组上，M1转速降低，直至停机

　　上述电路中，当需要回风机电动机M1停机时，按下停止按钮SB1，运行指示灯HL1熄灭。同时中间继电器KA1线圈失电。常开触头KA1-1复位断开，解除自锁功能；常开触头KA1-2复位断开，变频器接收到停机指令。经变频器内部电路处理由其U、V、W端输出变频停机驱动信号。变频停机驱动信号加到回风机电动机M1的三相绕组上，回风机电动机M1转速降低，直至停机。常开触头KA1-3复位断开，切断变频柜散热风扇FM1、FM2的供电电源，散热风扇FM1、FM2停止工作。

❷ 采用变频器与PLC组合控制的水冷式中央空调电路系统

图8-6为由西门子变频器和PLC构成的水冷式中央空调电路系统。该控制系统主要由西门子变频器（MM430）、PLC控制器触摸屏（西门子S7-200）等构成。

图8-6　用变频器与PLC组合控制的水冷式中央空调电路系统

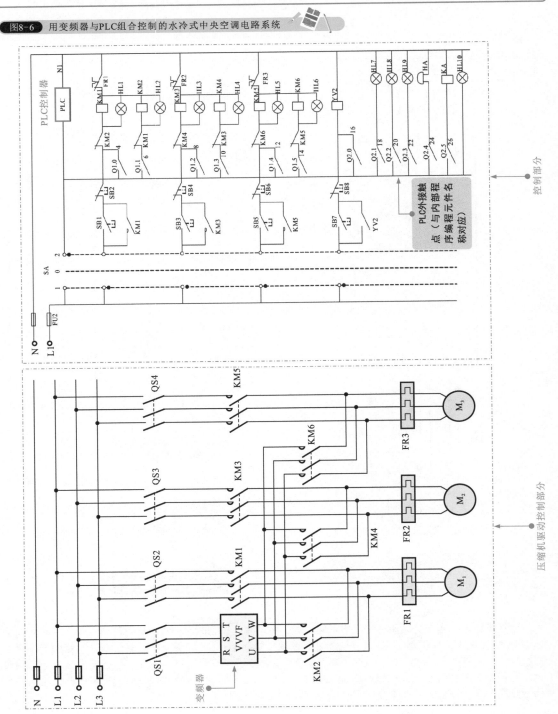

图8-6中，中央空调三台风扇电动机M1～M3有两种工作形式，一种是受变频器VVVF和交流接触器KM2、KM4、KM6的变频控制，一种是受交流接触器KM1、KM3、KM5的定频控制。

在主电路部分，QS1～QS4分别为变频器和三台风扇电动机的电源断路器；FR1～FR3为三台风扇电动机的过热保护继电器。

在控制电路部分，PLC控制器控制该中央空调送风系统的自动运行；按钮开关SB1～SB8控制该中央空调送风系统的手动运行。这两种运行方式的切换受转换开关SA1控制。

由PLC构成的中央空调系统受PLC控制器内程序控制，具体控制过程，需要结合PLC程序（梯形图）进行具体理解，这里不再重点讲述。

图8-7 采用变频器和PLC组合控制的中央空调系统中冷却水泵的控制过程

图8-7为采用变频器和PLC组合控制的中央空调系统中冷却水泵的控制过程。控制系统由VVVF变频器、PLC控制器、外围电路和冷却水泵电机等部分构成。

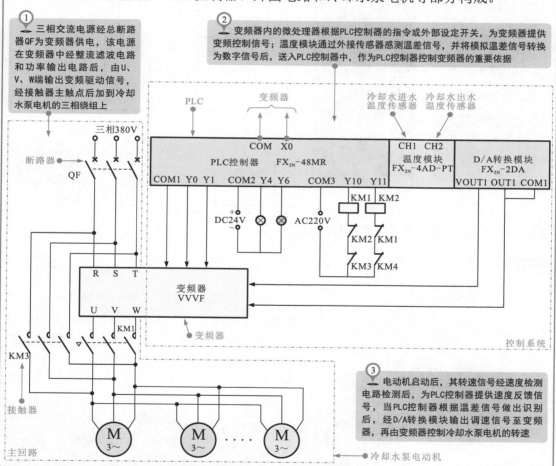

一般来说，在用PLC控制器进行控制过程中，除了接收外部的开关信号以外，还需要对很多的连续变化的物理量进行监测，如温度、压力、流量、湿度等，其中温度的检测和控制是不可缺少的，通常情况下是利用温度传感器感测到连续变化的物理量，然后再变为电压或电流信号，经变送器转换和放大为工业标准信号，然后再将这些信号连接到适当的模拟量输入模块的接线端上，经过模块内的模数转换器，最后再将数据送入PLC控制器内进行运算或处理后通过PLC控制器输出接口到设备中

8.1.3 多联式中央空调电路系统的特点

图8-8 多联式中央空调的电路系统

　　如图8-8所示，根据多联式中央空调的结构特点，其电路系统分布在室外机和室内机两个部分。电路之间、电路与电气部件之间由接口及电缆实现连接和信号传输。

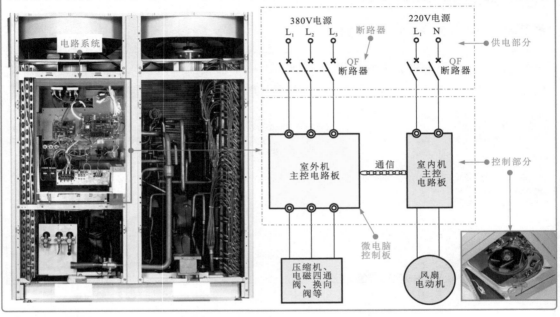

❶ 多联式中央空调室内机的电路系统

图8-9 多联式中央空调室内机的电路系统

　　如图8-9所示，多联式中央空调室内机有多种类型，不同类型室内机的电路系统的安装位置和结构组成所有不同，但基本都是由主电路板和操作显示电路板两块电路板构成的。

多联式中央空调
吊顶式室内机

多联式中央空调室内机中设有室内机控制电路系统，用于控制室内机出风口风量、启停等

❷ 多联式中央空调室外机的电路系统

图8-10 多联式中央空调室外机的电路系统

如图8-10所示，多联式中央空调室外机电路系统一般安装在室外机的前面板下方，打开前面板后即可看到。

日立SET-FREE侧出风系列中央空调主机

室外机控制电路部分

多联式中央空调室外机的电路系统主要由交流输入（带防雷击电路）电路、整流滤波电路、变频电路、主控电路及三相电输入接线座等部分构成

图8-11 典型多联式中央空调室外机的交流输入电路

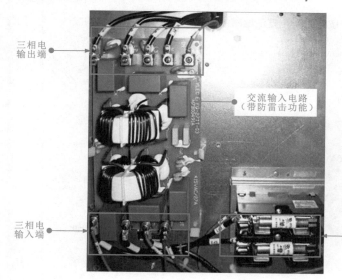

三相电输出端

交流输入电路（带防雷击功能）

三相电输入端

熔断器

如图8-11所示，在中央空调系统中，连接交流电源并进行滤波的电路被称之为交流输入电路，该电路中一般还设有防雷击电路。

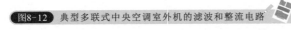

图8-12 典型多联式中央空调室外机的滤波和整流电路

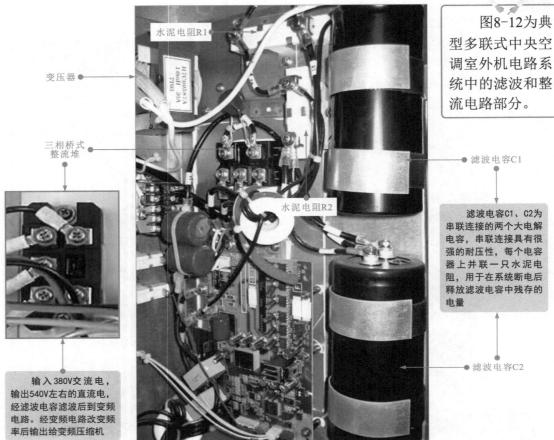

水泥电阻R1

变压器

三相桥式整流堆

水泥电阻R2

滤波电容C1

滤波电容C2

图8-12为典型多联式中央空调室外机电路系统中的滤波和整流电路部分。

滤波电容C1、C2为串联连接的两个大电解电容，串联连接具有很强的耐压性，每个电容器上并联一只水泥电阻，用于在系统断电后释放滤波电容中残存的电量

输入380V交流电，输出540V左右的直流电，经滤波电容滤波后到变频电路。经变频电路改变频率后输出给变频压缩机

图8-13 三相桥式整流堆

三相桥式整流堆是由6只整流二极管按桥式全波整流电路的形式连接并封装为一体构成的，可将三相交流电整流为540V左右的直流电压。

图8-13为典型三相桥式整流堆的实物外形和内部结构。

三相桥式整流堆

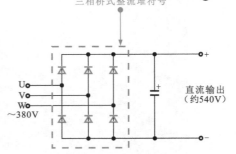

三相桥式整流堆符号

U
V
W
~380V

直流输出
（约540V）

图8-14 典型多联式中央空调室外机的变频电路

如图8-14所示，变频电路是整个中央空调室外机电路系统的核心部分，也是用弱电（主控板）控制强电（压缩机驱动电源）的关键。变频电路中一般包含自带的开关电源和变频模块两个部分，其中高频变压器与其外围元件构成开关电源电路，在该电路板的背面为变频模块部分。

变频模块 →

变频控制电路板背部安装有变频模块，变频模块输出侧直接连接变频压缩机

变频控制板

图8-15 变频电路的结构形式

目前，多联式中央空调室外机的变频电路广泛采用变频模块实现变频驱动，如图8-15所示，该模块是将控制电路、电流检测、逻辑控制和功率输出电路集成在一起的变频控制驱动模块，在变频空调器中得到了广泛的应用。

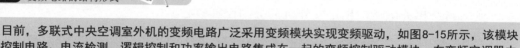

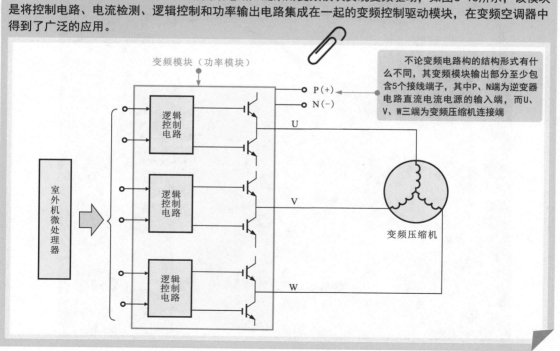

变频模块（功率模块）

不论变频电路构的结构形式有什么不同，其变频模块输出部分至少包含5个接线端子，其中P、N端为逆变器电路直流电流电源的输入端，而U、V、W三端为变频压缩机连接端

P(+)
N(-)

U

V

W

逻辑控制电路

逻辑控制电路

逻辑控制电路

室外机微处理器

变频压缩机

图8-16 变频控制电路简图

图8-16为是变频控制电路简图,交流供电电压经整流电路先变成直流电压,再经过晶体管电路变成三相频率可变的交流电压去控制压缩机的驱动电机。该电动机通常有两种类型,即三相交流电动机和三相交流永磁转子式电动机,后者的节能和调速性能,更为优越。逻辑控制电路通常由微处理器组成。

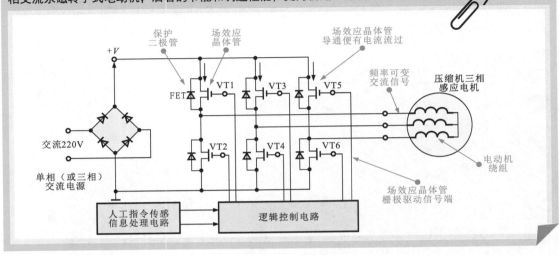

图8-17 典型多联式中央空调室外机的主控电路

如图8-17所示,典型多联式中央空调主控电路中安装有很多集成电路、接口插座、变压器及相关电路,也是室外机部分的控制核心。

图8-18 典型多联式中央空调室外机电路系统

如图8-18所示，在多联式中央空调系统中，不同品牌和型号室外机电路系统的具体结构形式有所不同，但其所包含核心电路的结构和功能大致相同，一般均包含有主控电路、变频电路和防雷击电路等。

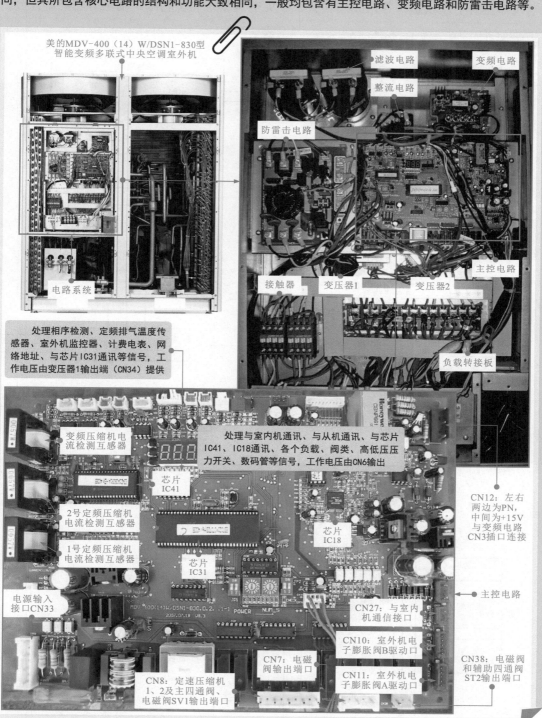

③ 多联式中央空调电路系统的通信关系和工作原理

如图8-19所示，多联式中央空调室内机与室外机电路系统配合工作，控制相关电气部件的工作状态，并以此控制整个中央空调系统实现制冷、制热等功能。

图8-19 多联式中央空调电路系统的工作原理方框图

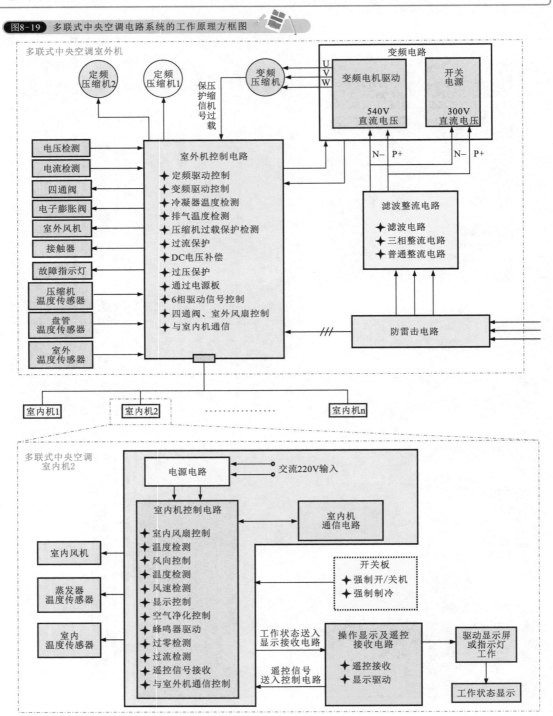

图8-20为典型多联式中央空调壁挂式室内机的电路系统接线图，可以看到，室内电路系统主要是由主控电路板及相关的送风电机、摇摆电机、电子膨胀阀、室温传感器、蒸发器中部管温传感器、蒸发器出口管温传感器等电气部分构成的。

图8-20 典型多联式中央空调室内机电路系统的工作原理

② 主控电路中的微处理器芯片对遥控指令进行识别，并根据指令内容调用存储器中的程序，并按照程序对空调器的各部分进行控制

① 室内机的工作受遥控发射器的控制，遥控发射器可以将空调器的开机/关机、制冷/制热功能转换、制冷/制热的温度设置、风速强弱、导通板的摆动等控制信号编码成脉冲控制信号，以红外光的方式传输到设在室内机中的遥控接收器，遥控接收器将光信号变成电信号，并送到微处理器中

③ 主控电路板中设有数据存储或程序存储器用以存储数据或程序，在微处理器芯片内设有存储器（ROM）

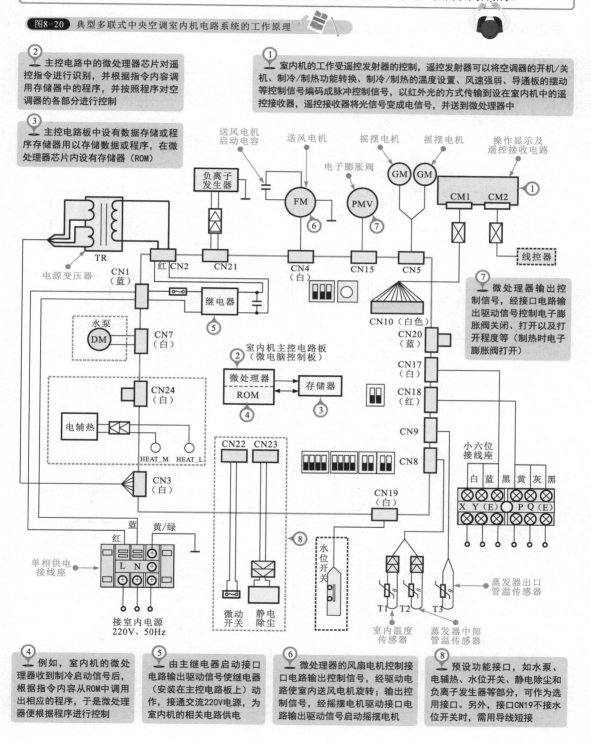

⑦ 微处理器输出控制信号，经接口电路输出驱动信号控制电子膨胀阀关闭、打开以及打开程度等（制热时电子膨胀阀打开）

④ 例如，室内机的微处理器收到制冷启动信号后，根据指令内容从ROM中调用出相应的程序，于是微处理器便根据程序进行控制

⑤ 由主继电器启动接口电路输出驱动信号使继电器（安装在主控电路板上）动作，接通交流220V电源，为室内机的相关电路供电

⑥ 微处理器的风扇电机控制接口电路输出控制信号，经驱动电路使室内送风电机旋转；输出控制信号，经摇摆电机驱动接口电路输出驱动信号启动摇摆电机

⑧ 预设功能接口，如水泵、电辅热、水位开关、静电除尘和负离子发生器等部分，可作为选用接口。另外，接口CN19不接水位开关时，需用导线短接

219

图8-21为典型多联式中央空调室外机的电路系统接线图，可以看到，该电路主要是由主控电路、变频电路、防雷击电路、整流滤波电路以及相关的变频压缩机、定频压缩机、风机、温度传感器、四通阀、电子膨胀阀等电气部件等构成的。

图8-21 典型多联式中央空调室外机电路系统的工作原理

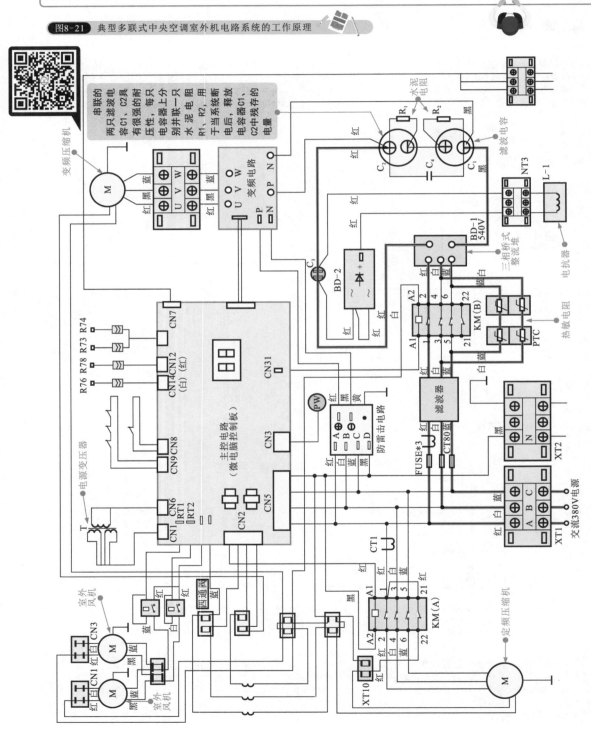

　　图8-21中，三相电源经接线座后送入室外机电路中，一路分别经三个熔断器FUSE*3和磁环CT80后，送入滤波器L-1中，经滤波器滤除杂波后，输出三相电压。

　　初始状态，接触器KM1未吸合，三相电源电压中的两相经4个PTC热敏电阻器后送入三相桥式整流堆BD-1中，由BD-1整流后输出540V左右的直流电压，该电压为滤波电容C1、C2充电。由于在初始供电状态，流过四个PTC热敏电阻器的电流较大，PTC本身温度上升，电阻增大，输出的电流减小，可有效防止加电时后级电容的充电电流过大。

　　上电约2s后，主控电路输出驱动信号使接触器KM1线圈得电，带动其触点吸合，PTC热敏电阻器被短路失去限流作用。三相经接触器触点后直接送入三相桥式整流堆BD-1，经整流后的直流电压经普通桥式整流堆BD-2和电抗器L-1后加到滤波电容C1、C2上。电抗器L-1用于增强整个电路的功率因数。

　　由滤波电容C1、C2滤波后的540V左右的直流电压加到变频电路中为变频电路中的变频模块供电。

　　三相电经接线座后送入室外机电路中，另一路送入防雷击电路中，其中一相经防雷击电路中整流滤波后输出300V的直流电压，该电压加到变频电路中的开关电源部分，开关电源输出+5V、+12V、+24V直流电压为变频电路中电子元器件提供工作条件。

　　主控电路的变频电路驱动接口输出驱动信号到变频电路中，经变频模块进行功率放大后输出U、V、W三相驱动信号，驱动变频压缩机启动；主控电路室外风机驱动接口输出室外风机的驱动信号，使室外风机开始运行。

　　当室内机需要较大制冷能力时，室外机主控电路输出定频压缩机启动信号，控制接触器KM2线圈得电，带动KM2触点吸合，接通定频压缩机供电，启动定频压缩机运行。若系统中有多个定频压缩机，其开启时间需要间隔5s。

8.1.4　中央空调电路系统的检修流程

　　中央空调电路系统是一个具有自动控制、自动检测和自动故障诊断的智能控制系统，若该系统出现故障常会引起中央空调控制失常、整个系统不能启动、部分功能失常、制冷/制热异常以及启动断电等故障。

图8-22　中央空调电路系统的基本检修流程

　　如图8-22所示，从电路角度，当中央空调出现异常故障时，主要先从系统的电源部分入手，排除电源故障后，再针对控制电路、负载等进行检修。

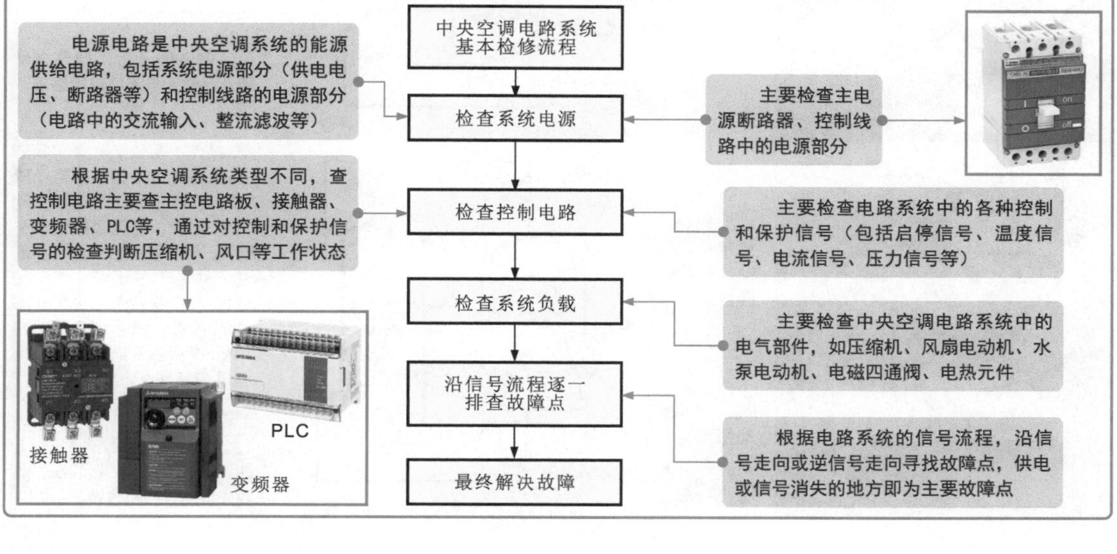

8.2 中央空调电路系统的检修

8.2.1 断路器的检修

断路器又称为空气开关，是指安装在中央空调系统总电源线路上的一种电器部件，用于手动或自动控制整个系统供电电源的通断，且可在系统中出现过流或短路故障时自动切断电源，起到保护作用。另外，也可以在检修系统或较长时间不用控制系统时，切断电源，起到将中央空调系统与电源隔离的作用。

❶ 断路器的特点

图8-23 中央空调电路系统中的断路器

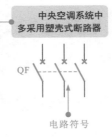

中央空调系统中多采用塑壳式断路器

（a）220V断路器　（b）380V断路器

如图8-23所示，断路器具有操作安全、使用方便、安装简单、控制和保护双重功能、工作可靠等特点。

图8-24 塑壳式低压断路器通断两种状态

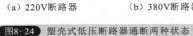

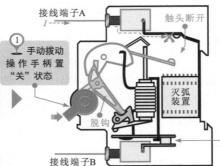

① 手动拨动操作手柄置"关"状态

② 触头断开后，电流被切断，此时无电流经过断路器

接线端子A

触头断开

灭弧装置

脱钩

接线端子B

（a）断路器操作手柄处于"关"状态

操作手柄：关

如图8-24所示，断路器手动或自动通断状态通过其内部机械和电气部件联动实现。

当操作手柄位于"开"状态时，触头闭合，操作手柄带动脱钩动作，连杆部分则带动触头动作，触头闭合，电流经接线端子A、触头、电磁脱扣器、热脱扣器后，由接线端子B输出。

当操作手柄位于"关"状态时，触头断开，操作手柄带动脱钩动作，连杆部分则带动触头动作，触头断开，电流被切断

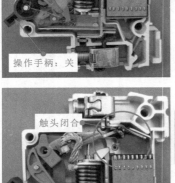

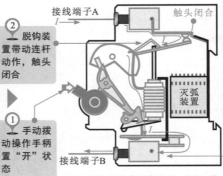

② 脱钩装置带动连杆动作，触头闭合

① 手动拨动操作手柄置"开"状态

接线端子A

触头闭合

灭弧装置

接线端子B

触头闭合

③ 电流经接线端子A、闭合的触头、电磁脱扣器线圈、热脱扣器后，由接线端子B输出

操作手柄：开

（b）断路器操作手柄处于"开"状态

在中央空调系统中，断路器主要应用到线路过载、短路、欠压保护或不频繁接通和切断的主电路中。室外机或机组多采用380V断路器，室内机多采用220V断路器。断路器选配时可根据所接机组最大功率的1.2倍进行选择。

② 断路器的检测方法

断路器是一种即可以通过手动控制又可以自动控制的器件，用于在中央空调电路系统中控制系统电源通断。当怀疑中央空调电路系统故障时，应检查电源部分的主要功能部件。

图8-25 中央空调电路系统中断路器的检测方法

如图8-25所示，检测中央空调中断路器，可以在断电的情况下，利用其通断状态特点，借助万用表检测断路器输入端子和输出端子之间的阻值判断好坏。

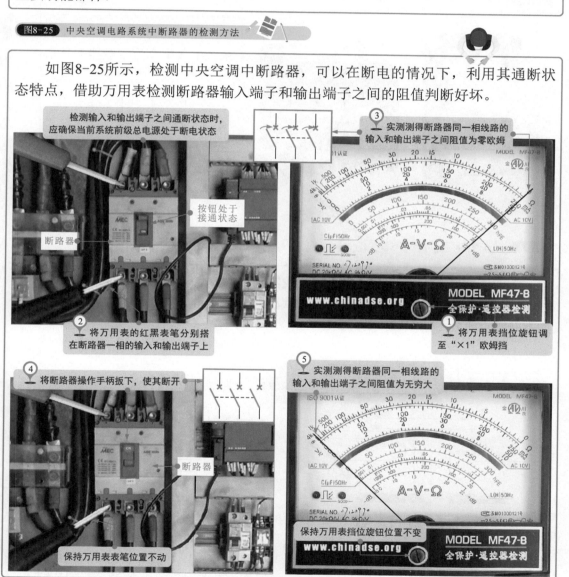

检测输入和输出端子之间通断状态时，应确保当前系统前级总电源处于断电状态

③ 实测测得断路器同一相线路的输入和输出端子之间阻值为零欧姆

按钮处于接通状态

断路器

② 将万用表的红黑表笔分别搭在断路器一相的输入和输出端子上

① 将万用表挡位旋钮调至"×1"欧姆挡

④ 将断路器操作手柄扳下，使其断开

⑤ 实测测得断路器同一相线路的输入和输出端子之间阻值为无穷大

断路器

保持万用表表笔位置不动

保持万用表挡位旋钮位置不变

在正常情况下，当断路器处于断开状态时，其输入和输出端子之间的阻值应为无穷大；处于接通状态时，其输入和输出端子之间的阻值应为零；若不符合说明断路器损坏，应用同规格断路器进行更换。

8.2.2 交流接触器的检修

交流接触器在中央空调系统中的应用十分广泛，主要作为压缩机、风扇电动机、水泵电动机等交流供电侧的通断开关使用，来控制这些设备电源的通断。

❶ 交流接触器的特点

图8-26 中央空调电路系统中交流接触器的特点

图8-26为应用于中央空调电路系统中典型交流接触器的外形。

交流接触器1

交流接触器2

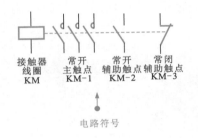

电路符号

图8-27 接触器线圈得电的工作过程

如图8-27所示，接触器中主要包括线圈、衔铁和触点几部分。工作时的核心过程即在线圈得电状态下，使上下两块衔铁磁化相互吸合，衔铁动作带动触点动作，如常开触点闭合，常闭触点断开。

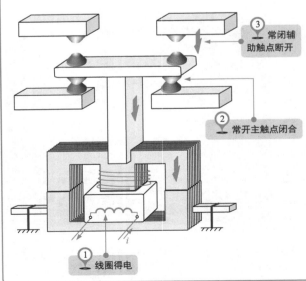

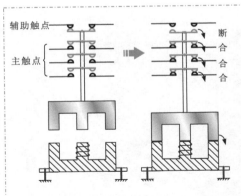

动铁芯在电磁引力的作用下向下移动，压缩弹簧，带动可动作的触点向下移动，原本闭合的辅助触点断开，原本断开的主触点闭合

图8-28 交流接触器的工作特性

如图8-28所示，在实际控制线路中，接触器一般利用主触点来接通和分断主电路及其连接负载，用辅助触点来执行控制指令。例如，中央空调水系统中水泵的启停控制线路，可以看到，上述控制线路中的交流接触器KM主要是由线圈、一组常开主触点KM-1、两组常开辅助触点和一组常闭辅助触点构成的。

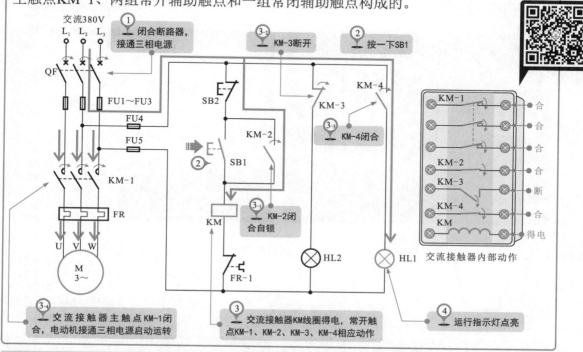

上述控制系统中闭合断路器QF，接通三相电源。

电源经交流接触器KM的常闭辅助触点KM-3为停机指示灯HL2供电，HL2点亮。

按下启动按钮SB1，交流接触器KM线圈得电。

常开主触点KM-1闭合，水泵电动机接通三相电源启动运转。

同时，常开辅助触点KM-2闭合实现自锁功能；常闭辅助触点KM-3断开，切断停机指示灯HL2的供电电源，HL2熄灭；常开辅助触点KM-4闭合，运行指示灯HL1点亮，指示水泵电动机处于工作状态。

❷ 交流接触器的检测方法

交流接触器是中央空调电路系统中的重要元件，主要是利用其内部主触点来控制中央空调负载的通断电状态，用辅助触点来执行控制的指令。

交流接触器在中央空调电路系统中主要安装在控制配电柜中，用来接收控制端的信号，然后线圈得电触点动作（常开触点闭合，常闭触点断开），负载开始通电工作；当线圈失电释放后，各触点复位，负载断电并停机。

若交流接触器损坏，则会造成中央空调不能启动或正常运行。判断其性能的好坏主要是使用万用表判断交流接触器在断电的状态下，线圈及各对应引脚间的阻值是否正常。

图8-29 交流接触器的检测方法

图8-29为交流接触器的检测方法。

③ 交流接触器内的线圈，正常情况下应有一定的阻值

接触器线圈 KM

常开主触点 KM-1　常开辅助触点 KM-2　常闭辅助触点 KM-3

② 将万用表的红黑表笔分别搭在交流接触器线圈两端连接端子上

交流接触器

① 将万用表挡位旋钮调至"×1"欧姆挡

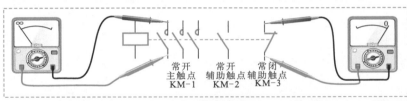

常开主触点 KM-1　常开辅助触点 KM-2　常闭辅助触点 KM-3

⑥ 交流接触器常开触点在初始状态时的阻值应为无穷大；常闭触点在初始状态时的阻值应为零

交流接触器

⑤ 将万用表红黑表笔分别搭在交流接触器的常开主触点上

④ 将万用表挡位旋钮调至"×1"欧姆挡

　　当交流接触器内部线圈得电时，会使其内部触点做与初始状态相反的动作，即常开触点闭合，常闭触点断开；当内部线圈失电时，其内部触点复位，恢复初始状态。

　　因此，对该接触器进行检测时，需依次对其内部线圈阻值及内部触点在开启与闭合状态时的阻值进行检测。由于是断电检测接触器的好坏，因此，检测常开触点的阻值为无穷大，当按动交流接触器上端的开关按键，强制接通后，常开触点闭合，其阻值正常应为零欧姆。

8.2.3 变频器的检修

变频器是目前很多水冷式中央空调控制系统主电路中的核心部件，在控制系统中用于将频率固定的工频电源（50 Hz）变成频率可变（0～500 Hz）的交流电源，从而实现对压缩机、风扇电动机、水泵电动机启动及转速的控制。

❶ 变频器的特点

图8-30 中央空调系统中的变频器

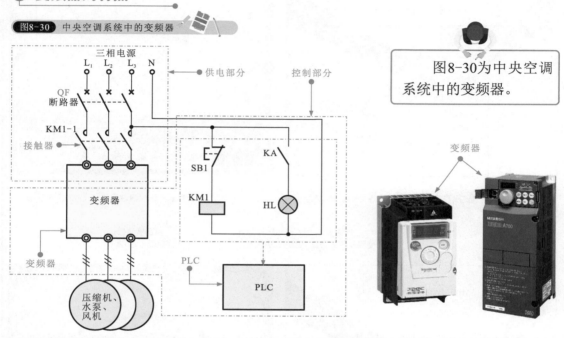

图8-30为中央空调系统中的变频器。

变频器在中央空调系统中分别对主机压缩机、冷却水泵电动机、冷冻水泵电动机进行变频驱动，从而可实现对温度、温差的控制，有效实现节能。该类控制系统中可以通过两种途径实现节能效果：

◇ 压差控制为主，温度/温差控制为辅　以压差信号为反馈信号，反馈到变频器电路中进行恒压差控制。而压差的目标值可以在一定范围内根据回水温度进行适当调整。当房间温度较低时，使压差的目标值适当下降一些，减小冷冻泵的平均转速，提高节能效果。

◇ 温度/温差控制为主，压差控制为辅　以温度/温差信号为反馈信号，反馈到变频器电路中进行恒温度、温差控制，而目标信号可以根据压差大小作适当调整。当压差偏高时，说明负荷较重，应适当提高目标信号，增加冷冻泵的平均转速，确保最高楼层具有足够的压力。

❷ 变频器的检修方法

在中央空调电路系统中，采用变频器进行控制的电路系统安装于控制箱中，变频器作为核心的控制部件，主要用于控制冷却水循环系统（冷却水塔、冷却水泵、冷冻水泵等）以及压缩机的运转状态。

由此可知，当变频器异常时往往会导致整个变频控制系统失常。判断变频器的性能是否正常，主要可通过对变频器供电电压和输出控制信号进行检测。

图8-31 中央空调系统中的变频器

如图8-31所示，检测变频器供电电压和输出控制信号，若输入电压正常，无变频驱动信号输出，则说明变频器本身异常。

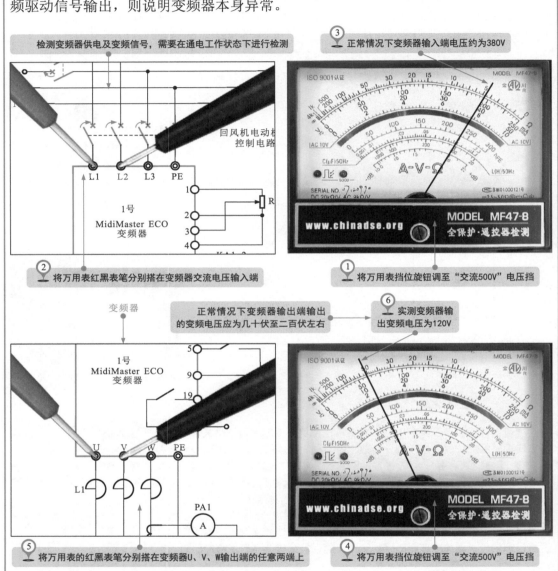

由于变频器属于精密的电子器件，内部包括多种电路，所以对其进行检测时除了检测输入及输出外，还可以通过对显示屏中的显示的故障代码进行排除故障，例如三菱FR-A700变频器，若其显示屏显示"E.LF"，则表明变频器出现了输出缺相的故障，应正常连接输出端子以及查看输出缺相保护选择的值是否正常。

变频器的使用寿命也会受外围环境的影响，例如，温度、湿度等。所以在安装变频器的位置，应是在其周围环境允许的条件下进行。此外，对于连接线的安装也要谨慎，如果误接的话，也会损坏变频器。为了防止触电，还需要将变频器接地端进行接地。

8.2.4 PLC的检修

在中央空调控制系统中，很多控制电路采用了PLC控制器进行控制，不仅提高了控制电路的自动化性能，也使得电路结构得以很大程度的简化，后期对系统的调试、维护也十分方便。

PLC控制器的英文全称为Programmable Logic Controller，即可编程控制器，是一种将计算机技术与继电器控制技术结合起来的现代化自动控制装置。

❶ PLC的特点

图8-32 中央空调系统中的PLC

如图8-32所示，PLC控制器在中央空调系统中主要是与变频器配合使用，共同完成中央空调系统的控制，使控制系统简易化，并使整个控制系统的可靠性及维护性得到提高。

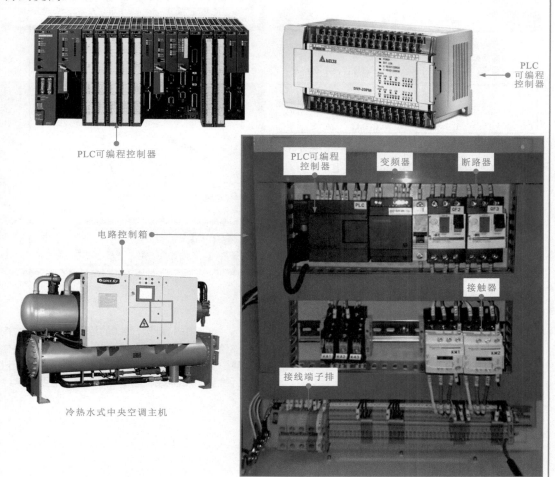

PLC可编程控制器

PLC可编程控制器

电路控制箱

冷热水式中央空调主机

PLC可编程控制器

变频器

断路器

接触器

接线端子排

❷ PLC的检修方法

如图8-33所示，判断中央空调系统中PLC本身的性能是否正常，应检测其供电电压是否正常，若供电电压正常的情况下，没有输出则说明PLC异常，则需要对其进行检修或更换。

图8-33 中央空调系统中PLC检测方法的检测方法

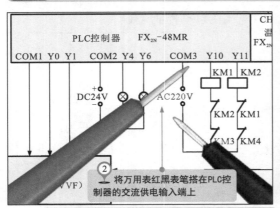

③ 实际检测输入电压值为交流220V

① 将万用表挡位旋钮调至"交流250V"电压挡

② 将万用表红黑表笔搭在PLC控制器的交流供电输入端上

在正常情况下，PLC控制器应控制指示灯的直流供电状态；接触器线圈的通断电状态，若在其工作条件正常时，无法控制其端子外接元件工作，多为PLC损坏

⑤ 实际检测交流接触器线圈两端电压为220V

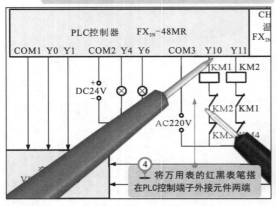

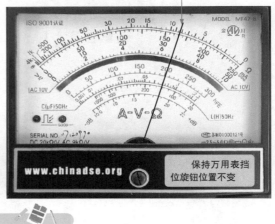

④ 将万用表的红黑表笔搭在PLC控制端子外接元件两端

保持万用表挡位旋钮位置不变

图8-34 PLC内部的控制程序

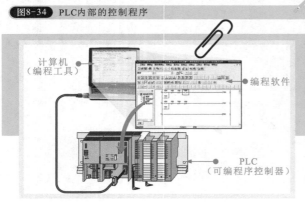

计算机（编程工具）

编程软件

PLC（可编程序控制器）

如图8-34所示，PLC的控制功能主要由内部编写的程序实现，因此当PLC控制功能失常时，除了对供电、输入输出信号等硬件方面进行检查，还需要排查所编写的程序是否正常。